微生物工学

編 著
菊池慎太郎

共 著
高見澤一裕

浦野直人

海藤晃弘

藤井克彦

三共出版

はじめに

　地球と他の惑星との間には資源やエネルギー源の授受がないという事実が改めて認識されるようになって以来，低エネルギー供給下での資源再利用と環境保全の技術であるバイオテクノロジーが注目されている。しかしバイオテクノロジーによって現代社会が直面する資源・エネルギー問題のすべてが解決可能であるかのように誤解されている傾向もあり，あるいはバイオテクノロジーがあたかも遺伝子操作と同義語であるかのように使われている例も少なくない。言うまでもなくバイオテクノロジーは微生物工学を基盤として，生物がもつ多様な機能を利用して私たちの生活をより良いものとすることを目的とする科学技術体系の総称である。国土が狭く，資源の乏しい我が国では古くから微生物を利用して高付加価値希少物質を生産することが行われ，微生物工学やバイオテクノロジーが"日本のお家芸"と呼ばれる所以もここにある。

　さらに現代にあっては微生物工学の実施には，微生物以外の幅広い知識や技術が要求される。例えば大規模微生物工業に適するシステムの構築には材料化学や装置学の知識と技術が求められ，あるいは環境問題の解決には広く自然科学についての知識と技術が必要である。このような観点からすれば微生物工学は総合科学である。総合科学としての微生物工学を理解するためには，生物学や生化学などの関連基礎領域の知識を習得することは当然ながら，単にそれのみにとどまらず微生物の科学と応用に関する成果を社会へ還元しようとする意識をもつことが重要である。

　今から三十年以上も前，今日的意味における環境科学や生物科学という概念も言葉も生まれていなかった頃，そして少数の科学者がそれまで馴染みのなかったバイオテクノロジーと言う学問を海外から持ち帰り始めた頃，故・佐々木酉二教授は我が国で始めてのバイオテクノロジー講座を創設して主宰された。その名を微生物工学講座といい，英語名をDepartment of Microbial Engineering & Technology と称した。後に岡見吉郎教授と江口良友教授に受け継がれ，国内外の研究者には MET の愛称で親しまれたこの講座の教育目標はただ一つ，"その成果を社会に還元してこそ科学たり得る"であった。当時，この言葉に魅せられて微生物工学講座に集った若き俊英たちが現代の微生物工学を牽引していることに疑いはない。

　成書に書かれている事項を覚えるだけなら難しくはない。その知識や技術をどのような場で，どのように利用できるかを考え，判断できるようになることが重要なのである。若い学生諸君が，その最善を尽くして次世代の微生物工学の一翼を担われんことを心より願い，また本書がその一助となることを願うものである。

　本書の執筆にあたっては多くの著書や論文を参考にし，また引用させて頂きました。参考や引用させて頂いた著者の方々に御礼申し上げますとともに，不十分な点や誤りをご批

判,ご指摘頂ければ幸甚です。
　最後に本書の出版にご尽力いただいた三共出版株式会社・石山慎二氏と細矢久子氏に厚く御礼申し上げます。

　平成16年春

菊池慎太郎

目　次

1　微生物とは何か
1.1　微生物の認識と微生物の歴史 …………………………………………1
1.2　科学的な微生物の利用 ……………………………………………………3
1.3　生物界における微生物 ……………………………………………………5
1.4　微生物の形態 ………………………………………………………………6
1.5　微生物細胞構造の概要 …………………………………………………10
1.6　微生物細胞の外殻構造 …………………………………………………11

2　微生物の増殖と培養
2.1　微生物の増殖条件 ………………………………………………………21
2.2　増殖の速度論 ……………………………………………………………29
2.3　増殖曲線 …………………………………………………………………32
2.4　培養と滅菌 ………………………………………………………………35
2.5　微生物分離と培養の方法 ………………………………………………38
2.6　回分培養と連続培養 ……………………………………………………40

3　自然界の微生物と新奇微生物の探索
3.1　自然界の微生物 …………………………………………………………45
3.2　自然環境中の窒素循環における微生物の役割 ………………………46
3.3　自然環境中の炭素循環における微生物の役割 ………………………48
3.4　自然環境中の硫黄循環における微生物の役割 ………………………49
3.5　自然界からの新奇微生物の探索と分離 ………………………………51
3.6　環境保全を目指す新奇微生物の応用例 ………………………………64

4　微生物工学的環境改善
4.1　好気性微生物を用いる環境改善方法 …………………………………67
4.2　嫌気性微生物を用いる環境改善方法 …………………………………82
4.3　コンポスト ………………………………………………………………87
4.4　バイオレメディエーション ……………………………………………91

5　さまざまな分野での微生物機能の応用
5.1　医薬品分野における微生物の応用 ……………………………………103
5.2　超微量測定における微生物の応用 ……………………………………108

5.3 発酵食品工業分野における微生物の利用：特にビール工業の場合 ……………………………………………………………………113
5.4 反応効率化を目指す微生物機能改変：特に微生物細胞の固定化 ……………………………………………………………………120
5.5 微生物細胞の固定化の考え方 …………………………………121
5.6 固定化微生物利用の実施例 ……………………………………126

6 微生物の遺伝学と遺伝子操作
6.1 微生物の遺伝子操作についての考え方 ………………………130
6.2 微生物の遺伝子 …………………………………………………131
6.3 タンパク質合成初発反応としての転写 ………………………145
6.4 遺伝情報維持と制限・修飾現象 ………………………………149
6.5 微生物の遺伝子操作 ……………………………………………150

7 ウイルスあるいはファージ
7.1 ウイルスの構造 …………………………………………………159
7.2 ウイルス（ファージ）の感染と粒子数の増加 ………………160
7.3 微生物の遺伝子組換えにおけるウイルス（ファージ）の利用 ……………………………………………………………………163

索　引 ………………………………………………………………165

1 微生物とは何か

1.1 微生物の認識と微生物学の歴史

　微生物がもつ物質合成や物質分解あるいは物質の化学構造変換などの能力，すなわち微生物の物質代謝活性を私達の生活に利用しようとする試みの歴史は古く，アルコールや発酵乳製品などの製造が文明の誕生とともに行われていたことは良く知られている通りである。また農耕の開始とともに，根粒菌（マメ科植物の根に存在して空気中の窒素を植物が利用できる化合物に変換する一群の微生物）を利用して農作物の増収を図ったであろうことも想像に難しくない。さらに古代中国（殷）の医書である黄帝内経（こうていだいけい）にはカビの生えた豆腐を患部に塗る皮膚病の治療法が記載されているが，今日の抗生物質の概念のはじまりとも考えられる。もとよりこれらはいずれも，微生物という生物種の存在すら知られていない時代の経験的利用にとどまるものではあった。

　17世紀になってオランダの商人レーウェンフック（Antony van Leeuwenhoek：1632–1723）が手作りの顕微鏡（図1.1）によって初めて動物や植物とは異なる微小生物（レーウェンフックは小動物：animalculesと記録した）が存在することが見出されたが，その後の技術的発展が伴わなかったこともあってこの小動物すなわち微生物を科学的に認識するには至らなかった。その後，科学者の関心はレーウェンフックが観察した小動物はどのように出現するのかという点に向けられた。例えば肉汁をスープ皿に入れて放置するとやがて"小動物"が観察される。今日では肉汁中の有機物を栄養源として空気中に浮遊する微生物が増殖したことは明らかであるが，当時の科学者は肉汁という無生物から小動物という生命が自然に出現したと考え，生物は無生物から自然に発生するという"生命の自然発生説"（spontaneous generation説またはabiogenesis説）を提唱し，また当時のヨーロッパの教会の影響もあってその後の二百年にわたってこの説は人々に広く受け入れられた。もちろんこの間にも何人かの科学者が生命の自然発生説に疑問をもち，生物は無生

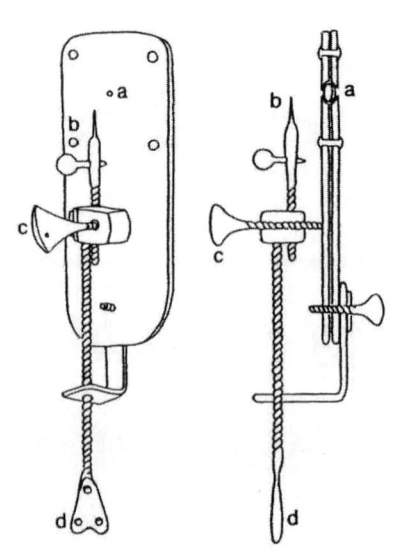

図 1-1 レーウェンフックの顕微鏡

a：レンズ，b：標本を付けるピン，c, d：焦点調整ネジ。レーウェンフックは植物の種子や胚，動物の体液などを観察して精密な記録を残した。また彼は精子と赤血球の存在を発見して今日の動物組織学の基礎を築いたが，最大の功績は彼が小動物（animalcules）と呼んだ微生物の発見であろう。

物からは自然に発生し得ないことを証明しようとしたが，それらの大部分は不完全な実験であったり，科学的原理が不適切であったため自然発生説を否定するまでには至らなかった。

19世紀半ばになると，一部の科学者は肉汁の化学変化と小動物の間に何らかの相関のあることに気付きはじめた。すなわち肉汁を十分に煮沸した後に密閉容器に入れて放置しても臭いや色の変化などの化学変化はきわめてゆっくりとしか起きないかあるいはまったく変化せず，同時に小動物の発生もきわめて微量か皆無であった。

1861年にフランスの科学者パスツール（Louis Pasteur：1822–1895）は"空気中に存在する有機体について"という論文を発表した。彼はその論文の中で，綿火薬を詰めた管を通して大量の空気を吸引ろ過した後，綿火薬を溶解してその溶液を顕微鏡で観察したところ，溶液には多数の小動物が存在したことを報告した。

次いでパスツールは，煮沸した肉汁に綿火薬でろ過した空気（すなわち今日的には，ろ過除菌した空気）を送りこんでも小動物は発生しないが，ろ過に用いた綿火薬の一片（すなわち今日的には，ろ過材の一部）をこの肉汁に加えると小動物が発生することを見出して，空気中には肉眼では見ることのできない小動物の"たね"，すなわち微生物が浮遊していることを示した。

さらにパスツールは，首を長く引き伸ばして曲げたガラス製フラスコ（スワンの首フラスコ，図1.2）の中に肉汁を入れて煮沸（すなわち今日的には，加熱滅菌）した後，これを放置しても微生物は増殖しないことから，空気中に浮遊する微生物は引き伸ばしたフラスコの首の内壁に付着して肉汁（栄養物）にまで到達できないためこの肉汁には微生物が

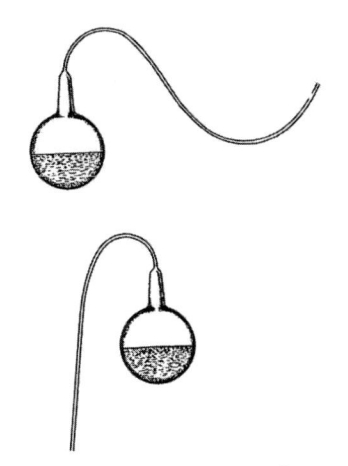

図1-2 パスツールの"スワンの首フラスコ"
フラスコの首の部分が引き伸ばされて曲がっているので空気は自由にフラスコの内容物に近づいて接触することができるが，空気中に浮遊している微生物は長い首に付着して内容物に近づくことができない。

発生しないように見えると結論し，またフラスコの首を折って微生物が内壁へ付着せずに肉汁へ到達できるようにするとこの肉汁の中には微生物が充満しはじめることから，空気中に浮遊している微生物が肉汁に落下して増殖する現象をあたかも微生物が自然に発生したかのように誤解していたのみであると結論付けて，生命の自然発生説を否定した。

その後パスツールは乳酸菌やアルコール酵母を発見して発酵すなわち酸素の存在しない条件下での微生物による物質代謝を解明し，微生物科学と微生物工業の基礎を築いた。このような業績からパスツールは"微生物学の祖"と呼ばれ，また彼を記念して設立されたパスツール研究所（フランス）では今日も多くの優れた微生物研究が行われている。

他方，パスツールとほぼ同時代のロベルト・コッホ（Robert Koch, 1843-1910）は炭疽菌をはじめとする多数の病原性細菌を発見したことでも知られるが，併せてゼラチン培地を用いて単一種の微生物のみを培養する方法を発見した。彼のこの発見は，"単一微生物による物質生産"という今日の微生物工業の基本概念を導入するものであり，それまで複数種の微生物を用いて経験的に行われていた微生物利用に一大革命をもたらすものであった。

1.2 科学的な微生物の利用

こうして微生物についての認識が深まり，また動物や植物とは著しく異なる微生物の特性が明らかとなるに伴って，微生物のもつさまざまな能力や代謝活性を効果的に利用しようとする試みが盛んになった。

特に1930年代から1940年代にはフレミング（Alexander Fleming, 1881-1955）によるペニシリンの発見やワクスマン（Abraham Waksman, 1888-1973）によるストレプトマイシンの発見などの治療用抗生物質[1]の発見が相つぎ，世界大戦という時代背景もあって，微生物の利用技術は大量生産と効率化という新たな局面を迎えることとなった。

図 1-3 大型発酵槽（バイオリアクター）
米国で抗生物質の大量生産が開始された当時の発酵槽（バイオリアクター）。Courtesy of Commercial Solvent 社のリアクターで、ひとつの容量は約 50,000 ガロン。

例えば大量生産を目指して規模の拡大が図られたが、大規模な微生物反応プロセスを制御するためにはこのプロセスに適する電気的システムや機械的システムを新規に開発することが要求され、また効率化を目的に考案された微生物細胞の固定化技術[2]などの実施には新規化学材料の開発が要求されるなど、微生物の利用技術は複合的技術体系として位置付けられ、総合的科学技術としてのバイオテクノロジーが成立することとなった。

> 1） 微生物が自身の細胞外に分泌し、他の種類の微生物を殺す作用（抗菌作用）を有する有機物質。微生物がそのような物質を生産する理由は不明であるが、他の微生物を排除することによって自身の生存環境を保全する役割があるとも考えられている。なお抗生物質については後の項で詳しく述べる。

> 2） 微生物細胞の再利用と反応効率の向上を目的に、微生物を不溶性高分子物質から成る担体（マトリックス）に化学的に結合させ、あるいは閉じ込める技術をいう。この技術はやがて薬剤を目的の治療部位に効果的に到達させるドラッグデリバリーシステム（drug delivery system：DDS）へも発展することとなる。なお微生物の固定化については後の章で詳しく述べる。

他方、微生物学者の一部は微生物による物質生産の効率化を目指して、ワトソン（James Watson, 1928～）とクリック（Fransis Crick, 1916～）によって化学的実体が明らかにされた遺伝子（DNA）の改変を試みるようになった。それまでの微生物の代謝活性の改変は、放射線照射や化学薬品処理によって遺伝子の塩基配列に突然変異を誘発させる方法が一般的であり、基本的には偶然性に依存するものであった。しかし遺伝子の化学的実体が明らかにされたことにより、これを人為的に操作して目的とする活性を特異的に高めることも可能となったわけである。

このように考えるなら、微生物の遺伝子操作は総合的科学技術であるバイオテクノロジ

ーを構成するひとつの技術にすぎず，したがって微生物がもつ特性を私達の生活に有効に利用することを前提に実施されなければならない。しかし現状では微生物の応用や利用を無視して行われている遺伝子操作の例も少なくはなく，またそのような遺伝子操作こそがバイオテクノロジーであるとする社会的誤解のあることも否めない。

このような社会的誤解を科学的に正すことも，現代バイオテクノロジーの根幹を成す微生物科学とその応用を学ぶ者の大きな使命であろう。

1.3 生物界における微生物

植物や動物などの生物とは異なって微生物を肉眼で観察することは困難であり，そのため微生物が私達の生活と密接に関係していることはなかなか理解しにくい。また微生物について体系的に学習する機会も少ない。したがってまず最初に生物界における微生物の位置付けについて理解する必要があろう。

図 1.4 に示すように微生物と総称されている生物は，① ゾウリムシやトリコモナスなどの原生動物類，② クロレラやユーグレナ（ゾウリムシ）あるいは珪藻などの藻類，③ カビや酵母などに代表される真菌類，さらに，④ 放線菌や大腸菌をはじめとする細菌などの分裂菌類に大別される。

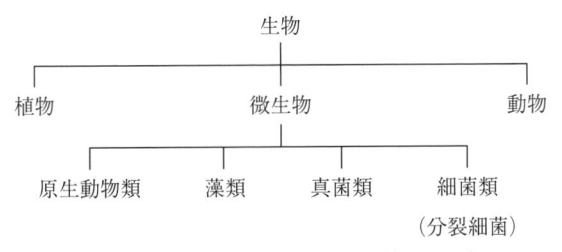

```
                         生物
          ┌───────────────┼───────────────┐
         植物            微生物            動物
           ┌────────┬────────┬────────┐
       原生動物類   藻類    真菌類   細菌類
                                   （分裂細菌）
```

図 1.4 生物界における微生物の位置と分類

微生物の科学を理解して正しく応用するためにはこれらすべての微生物について学習する必要のあることはもちろんであるが，特に真菌類と分裂菌類は人間とのかかわりの歴史も古くまた応用例も多いので本章ではこれらを中心に解説する。

なお微生物学の内容にウイルスを加える場合もあるが，後に述べるようにウイルスは自身が独立してその数（粒子数）を増やすことはなく，感染した宿主細胞の遺伝子複製機構やタンパク質合成機構を利用して粒子数を増やすことから，一般微生物学とは別個に取り扱われる場合が多い。しかし微生物の遺伝子操作においてウイルスは微生物遺伝子の運搬体（ベクター：vector）として重要な役割を果たしているので，本書においても一章を設けて説明する。

さて図 1.4 に示した微生物の中でも原生動物類と真菌類ならびに藻類を高等微生物と呼び，分裂菌類を下等微生物と呼んで区別することがある。特に前者では遺伝子をはじめとする遺伝物質が核膜（nuclear membrane）という膜構造[3]に被われて濃縮状態で局在するのに対し，後者では遺伝物質は膜構造で被われてはおらず細胞内に均等に分散して分

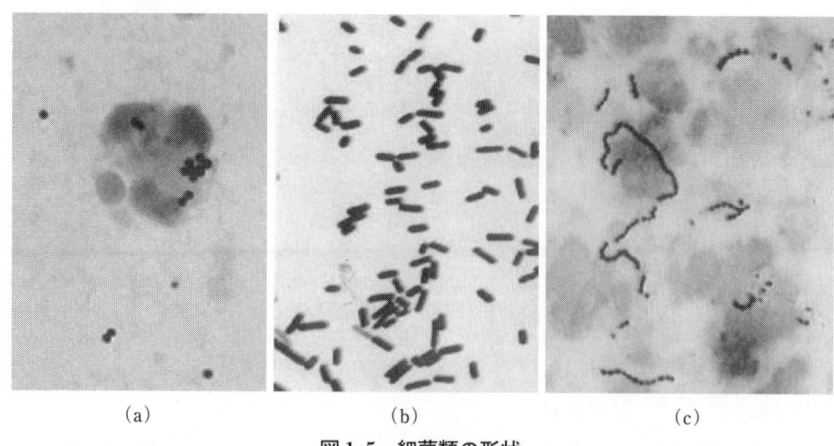

図 1.5 細菌類の形状
(a) 球菌（*Micrococcus denitrificans*）：単球菌，二連球菌ならびに房状の球菌が観察される，(b) 桿菌（*Lactobacillus bulgaricus*）：単桿菌ならびに長軸方向に連なった桿菌が観察される，(c) らせん菌（*Spirillum lunatum*）。倍率はいずれも 800 倍。

布[4]している。このような特徴から前者を真核微生物（eukaryotic microorganism あるいは eukaryote）と呼び，後者を前核微生物または原核微生物（prokaryotic microorganism あるいは prokaryote）と呼んで区別している。

> 3) 後の章で述べる細胞膜と同様に核膜もリン脂質の二重層から成る。

> 4) 放線菌などの一部の分裂菌類では細胞分裂時に遺伝子が細胞質の特定個所に集中して核と類似する場合がある。これを核様体というが，核様体は膜構造で被われることはなく核とは別個の構造である。

1.4 微生物の形態

(1) 細菌類（分裂菌類）の形態

　細菌（単数形：bacterium，複数形：bacteria）は大きさが 1 μm 以下の小さな単細胞であり，ひとつの細胞が 2 分する分裂によって細胞数を増やすことから分裂菌類に分類される。なおこのような単純な分裂や後述の機構によって微生物の細胞数が増加することを増殖（growth）という。

　細菌類の形状は球状，桿状およびらせん状の三種に大別され，それぞれ球菌（単数形：coccus, 複数形：cocci），桿菌（単数形：bacillus，複数形：bacilli）およびらせん菌（単数形：spirillum，複数形 spirilla）と分類される。

　球菌には分裂後，すぐにばらばらに離れて単一の細胞で存在する単球菌（monococcus）や，分裂後の 2 細胞が離れずに対になって存在する双球菌（diplococcus），あるいは分裂後の細胞がひとつの方向に長く連なる連鎖球菌（streptococcus），さらには分裂後

に細胞の連なる方向が不規則で葡萄の房のようになるブドウ球菌（staphylococcus）などがある。

他方，桿菌には大腸菌（*Escherichia coli*[5]）のように球菌とまぎらわしい程度の長さしかない短桿菌から，炭化水素資化細菌[6]として知られている抗酸菌属[7]（*Mycobacterium*属）のように繊維状の長桿菌にいたるまでさまざまな長さの種類が存在するが，いずれの場合も細胞は長軸方向にのみ分裂する。

> 5) 一般に微生物には"大腸菌"のような和名と，"*Eschelichia coli*"のようにこれに対応する学名とがあり，学名はイタリック字体で表記される。また学名は属名（*Escherichia* など）と種名（*coli* など）の順に記載され，さらにその後に株名を付記することもある（*Eschelichia coli* K12 など）。

> 6) 脂肪族炭化水素を脂肪酸に変換した後，栄養源として増殖する細菌。微生物がある物質を栄養源として利用する場合を"資化"という。

> 7) *Mycobacterium* 属細菌は細胞に多量の脂質を含み，酸性色素を主成分とする細胞染色溶液に抵抗性を示して十分に染色されないことから抗酸菌とも呼ばれる。なお酸性環境を好んで増殖する好酸菌とは全く別個である。

また球菌の場合と同様に，分裂後に細胞がばらばらに離れる単桿菌や分裂細胞が長軸方向に連なって連鎖状となる連鎖桿菌が存在する。また連鎖桿菌の一部には，カビのように長い糸状に連鎖し，さらに連鎖した細胞が菌鞘（sheath）に包まれて分岐する菌種も存在するが，これらは後述するカビの分岐（真性分岐）と区別して仮性分岐と呼ばれる。

桿菌の中では長いらせん状を示す菌種は必ずしも多くはない。しかし短いコンマ状を示す細菌（弧菌：vibrio 菌）は海洋細菌の優占菌種であり，従来の陸上細菌にはない新規の活性をもつことで注目されている。

放線菌（Actinomycetes）は細菌と同様に原核微生物であり，また通常は細胞分裂によって増殖するので分裂菌類であるが，分岐した長い菌糸をもつなどその形状はカビに似ている。

土壌や堆肥の中には多種，多量の放線菌が非常に多く存在し，それらの代謝活性によって土壌や堆肥中の微細環境が調整保持されている。事実，肥沃土壌の特徴的な匂いは有機酸や揮発性脂肪酸などの放線菌の代謝産物による。

放線菌に属する代表的な菌として *Streptomyces* 属や *Actinomyces* 属あるいは前述の *Mycobacterium* 属（抗酸菌）などがよく知られているが，かつてはこれらの菌種は単に土壌中に生息する微生物（土壌微生物）や病原菌として取り扱われており，人間にとって有用性はないと考えられて積極的に応用されることはなかった。

しかし1.1項でもふれたように，ワクスマンが放線菌の一種である *Streptomyces griseus* による抗生物質ストレプトマイシン生産を発見して以来，*Streptomyces venezuelae* によるクロラムフェニコール生産や *Streptomyces kanamyceticus* によるカナマイシン生

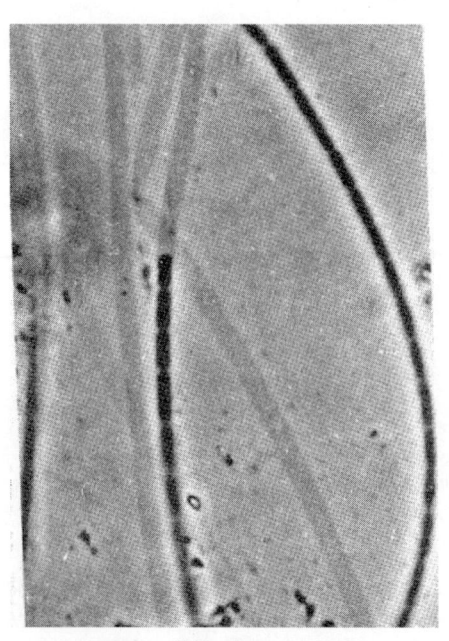

図 1.6　菌鞘に包まれた桿菌

写真には桿菌（鉄細菌）の入った菌鞘，ならびに桿菌が脱落した菌鞘を示した。なお鉄細菌（*Sphaerotilus*属）は2価鉄を3価鉄に酸化して増殖のためのエネルギーを獲得する細菌で，いくつかの菌種はマンガン化合物も酸化することができる。倍率は800倍。

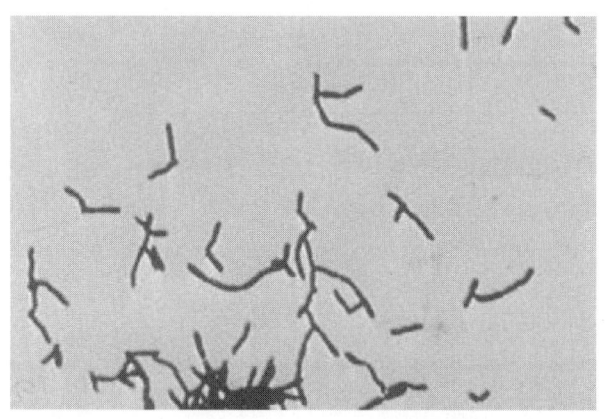

図 1.7　放線菌 *Streptomyces venezuelae* の顕微鏡写真（倍率 800 倍）
糸状菌に似た分岐を見ることができる。

産などの抗生物質生産活性が相次いで見出され，微生物の応用の観点からきわめて重要な菌群と認識されるようになった。なお抗生物質については後の項で詳しく述べる。

　さらにその後，*Streptomyces griseus* が高活性のプロテアーゼ（タンパク質分解酵素）を生産することや *Streptomyces olivaceus* がビタミン B_{12} を生産するなど，この属の放線菌が抗生物質以外にも多くの生理活性物質を生産することが知られるようになり，さらに

は前述のように *Mycobacteria* 属の炭化水素資化活性を利用する環境保全技術[8]も開発されて，放線菌の重要性はますます高くなった。

> 8) 例えば沿岸部でのタンカー座礁事故などによる重油流出の際にはオイルフェンスで重油拡散を防止するとともに *Mycobacterium* 属菌種を散布して脂肪族炭化水素の分解除去を図ることも試みられている。

(2) 真菌類の形態

酵母（yeast）やカビ（mold）は真菌類として分類され，放線菌とともに私達の生活になじみ深く，またさまざまな分野で応用されている微生物である。

酵母以外の真菌類，すなわち一般的にはカビと呼ばれている糸状菌は菌糸（hypae）を伸ばして繁殖する。

菌糸は固体や液体の栄養物の中に入り込んだり，表面に広がって栄養物を吸収するが，特に空気中に立ちあがって伸びるものを気菌糸という。菌糸表面は菌鞘に被われており，また生育に伴って菌糸は分岐して真性分岐を形成するが，前述の放線菌の仮性分岐とは異なって真性菌糸では隔壁（単数形：septum，複数形：septa）が形成される（図1.8）。

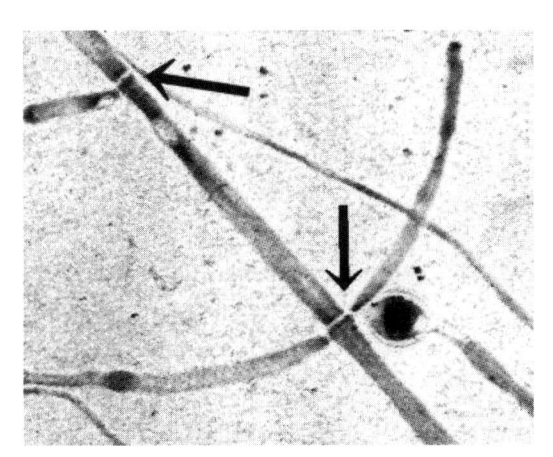

図1.8 糸状菌の菌糸と隔壁の模式図
菌糸の生育に伴って形成される隔壁を矢印で示した。

糸状菌の菌糸の先端には胞子嚢と呼ばれる器官が存在し，ここで胞子（spore）が形成されて蓄積される。胞子は飛散して適当な条件下（温度，水分，栄養物など）で発芽して菌糸を形成する（図1.9）。

なおこのような糸状菌の胞子は生殖と増殖の役割を担うものであり，後述する細菌の休眠機構である内生胞子（あるいは芽胞ともいう：endospore）とは構造も役割も異なるまったく別個のものである。

他方，酵母は卵型の単細胞微生物であり，糸状菌とは異なって多くの場合に胞子は形成せず母細胞の一部が膨らみ次第に大きくなる出芽（budding）によって増殖する。出芽に

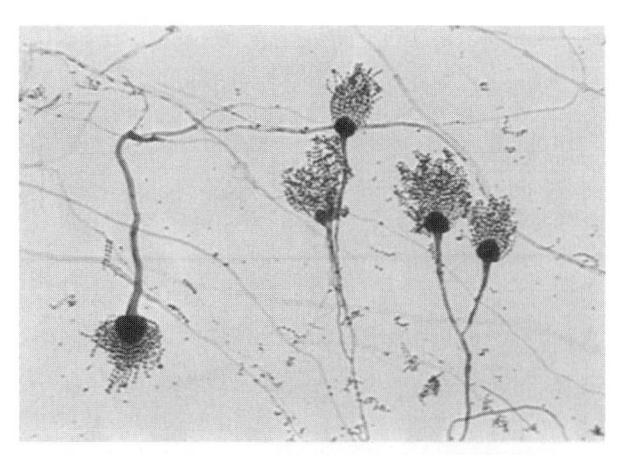

図 1.9 糸状菌（*Aspergillus oryzae*）の胞子嚢と胞子

糸状菌の胞子は生殖と増殖を目的とするものであり，後に述べる細菌類の内生胞子（あるいは芽胞）とは生理的意義や形成プロセスあるいは構造が異なる。なお写真に例示した *Aspergillus oryzae*（ニホンコウジカビ）はデンプンの加水分解活性が高いので，デンプンを主成分とする米やイモ類を原料とする飲用アルコールの製造に用いられる。写真の倍率は 400 倍。

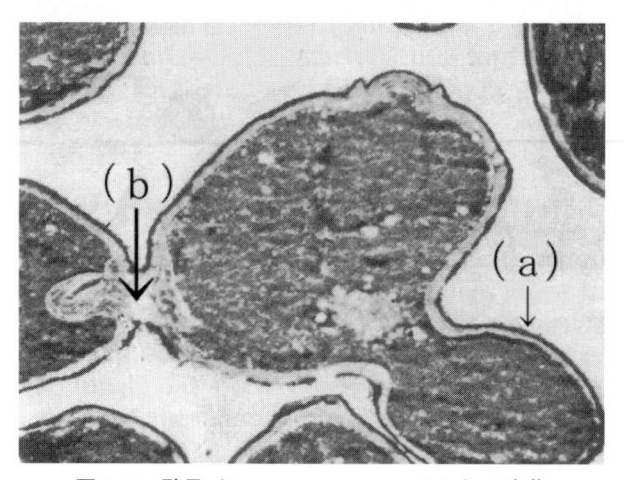

図 1.10 酵母（*Saccharomyces cerevisiae*）の出芽

(a) は出芽して成長過程にある娘細胞を示し，(b) には親細胞から娘細胞への細胞内容物の移動を示した。

よって生じた新細胞（娘細胞）は一定の大きさになると母細胞から離れ連鎖することはない。

1.5 微生物細胞構造の概要

細胞内容物は細胞の外側を被う構造（表層構造あるいは外殻構造）によって外部と隔てられている。哺乳動物細胞の最外層はリン脂質を主成分とする細胞膜（cell membrane）のみで被われているが，植物細胞や微生物細胞ではリン脂質からなる膜構造の外側にさらに細胞壁（cell wall）が存在し，細胞の形状を保持する役割や機械的衝撃や浸透圧変化な

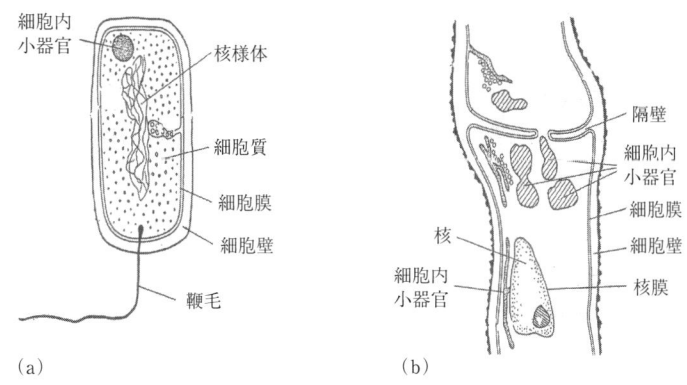

図1.11 細菌類（a）と糸状菌（b）の模式的微細構造
細菌類には遺伝物質の局在する核様体が形成される場合もある。
(栃倉辰六郎，「新版応用微生物学Ⅰ」，朝倉書店（1981）を改変)

どの化学的衝撃に対して耐性を発現する機能を果たしている。

また一般的に細菌類は細胞表層に鞭毛や繊毛（あるいは線毛とも書く）などの運動器官を備えている。

細胞の内部はゲル状の細胞質（cytoplasm）で満たされており，DNAやRNAなどの遺伝物質や物質の合成と分解（代謝）に直接関与する酵素タンパク質が溶解している。さらにタンパク質合成に関与するリボゾームなどの細胞内顆粒が存在し，また真核微生物では核やエネルギー合成の場であるミトコンドリアなどの細胞内小器官が存在する。また一部の微生物は細胞の老化にともなって細胞質に液胞（vacuole）[9]を形成することもある。

> 9) 古い細胞では液胞が細胞の大部分を占めて細胞質が細胞膜に貼り付いているように観察されることもある。液胞の正確な役割については不明であるが，老廃物の貯蔵部位として機能しているとも考えられる。したがって液胞内の液体は高張であるので吸水力が高く，その膨圧によって細胞壁の緊張状態を保つことができる。

1.6 微生物細胞の外殻構造

(1) 細 胞 壁

よく知られているように植物細胞の細胞壁はセルロースを主たる成分とする単純な構造であるが，微生物の細胞壁構成成分は化学的に複雑であり，特に細菌類の細胞壁ではこの傾向が著しい。

例えば前項でも述べたように酵母や糸状菌あるいは担子菌類（いわゆるキノコ）はいずれも真菌類として分類され，基本的には真菌類細胞壁は種々の単糖が重合した多糖類を構成物質とする。しかしこれらの主成分はそれぞれ異なり，例えば酵母の細胞壁はマンノースが重合したマンナンから成り，糸状菌の細胞壁はN-アセチルグルコサミン重合体であるキチンを主成分とする。また一般的にキノコと呼ばれている担子菌の細胞壁には多様な

1.6 微生物細胞の外殻構造

表1.1 微生物の細胞壁組成

微生物		細胞壁の主成分
真菌類	酵母類	マンナン
	糸状菌類	キチン
	担子菌類	種々の多糖類
分裂菌類	放線菌類	ムコペプチド
	細菌類[1]	ムコペプチド，および少量の脂質と糖類
	細菌類[2]	リポペプチド，および少量の糖類

1) グラム陽性菌，2) グラム陰性菌

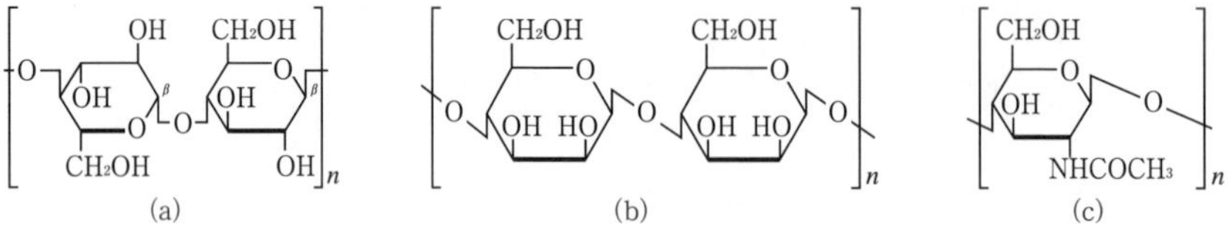

図1.12 細胞壁を構成する多糖類の構造
(a) 物細胞壁の主成分であるセルロース（$\beta 1 \rightarrow 4$ ポリグルコース），(b) 酵母細胞壁の主成分であるマンナン（$\alpha 1 \rightarrow 4$ ポリマンノースあるいは $\beta 1 \rightarrow 4$ ポリマンノース），(c) 糸状菌細胞壁の主成分であるキチン（$\beta 1 \rightarrow 4$ ポリ N-アセチルグルコサミン）。

多糖類が含まれており，これらがさまざまな生理活性[10]を発現することもあるので保健食品や医薬品原料として用いられている。

> [10] 生物の代謝活性に何らかの影響を及ぼす化合物を生理活性物質という。特に代謝を阻害するなど負の作用を及ぼす物質を毒性物質（トキシン）として区別する場合もあるが，多くの化合物はある代謝系を促進すると同時に他の代謝系を阻害するので，毒性物質であるか否かは相対的に判断されるべきである。

なお前項で述べた糸状菌菌糸の隔壁や酵母出芽時に形成される隔壁は細胞壁が細胞内部へ陥入した結果であり，したがってこれらの隔壁の化学組成はそれぞれの微生物の細胞壁組成と同一である。

また分裂菌類である放線菌の細胞壁は数分子の単糖が重合した少糖類の鎖（糖鎖）にアミノ酸重合体であるペプチドが結合したムコペプチドを主成分とする。なお糖類の重合体はグリカンともいわれるのでムコペプチドをペプチドグリカンと呼ぶ場合もある。

他方，1880年にオランダの化学者 Christian Gram は，細菌細胞をフクシンやクリスタルバイオレットなどの塩基性色素とヨード液で染色した後，エタノールやアセトンなどの有機溶媒で脱色する細胞染色法を開発した（グラム染色法）。同時に彼は，この染色法によって細菌細胞を染色すると，有機溶媒で容易に脱色されて赤色に観察される細菌のグループと十分に脱色されずに紫色に観察される細菌のグループのあることに気付き，前者をグラム陽性菌と名付け，後者をグラム陰性菌と名付けたが，このような染色性の違いは

表1.2 タンパク質を構成するアミノ酸の種類と特性

分類	名称	構造	等電点	略号 3文字	略号 1文字	備考
中性アミノ酸	グリシン glycine	H₂NCH₂COOH	5.97	Gly	G	光学不活性
	アラニン alanine	CH₃CHCOOH | NH₂	6.02	Ala	A	
	バリン valine	CH₃\\>CHCHCOOH CH₃/ | NH₂	5.97	Val	V	必須アミノ酸 疎水性
	ロイシン leucine	CH₃\\>CHCH₂CHCOOH CH₃/ | NH₂	5.98	Leu	L	必須アミノ酸 疎水性
	イソロイシン isoleucine	CH₃ | CH₃CH₂CHCHCOOH | NH₂	6.02	Ile	I	必須アミノ酸 疎水性
	トリプトファン tryptophan	(インドール)-CH₂CHCOOH | NH₂	5.88	Trp	W	必須アミノ酸 疎水性
	フェニルアラニン phenylalanine	(C₆H₅)-CH₂CHCOOH | NH₂	5.48	Phe	F	必須アミノ酸 疎水性
	チロシン tyrosine	HO-(C₆H₄)-CH₂CHCOOH | NH₂	5.67	Tyr	Y	
	セリン serine	HOCH₂CHCOOH | NH₂	5.68	Ser	S	
	トレオニン threonine	OH | CH₃CHCHCOOH | NH₂	5.60	Thr	T	必須アミノ酸
	システイン cysteine	HSCH₂CHCOOH | NH₂	5.02	Cys	C	含硫アミノ酸
	メチオニン methionine	CH₃SCH₂CH₂CHCOOH | NH₂	5.06	Met	M	含硫アミノ酸 必須アミノ酸 疎水性
	プロリン proline	(ピロリジン)-COOH	6.30	Pro	P	イミノ酸
	アスパラギン asparagine	H₂NCOCH₂CHCOOH | NH₂	5.41	Asn	N	
	グルタミン glutamine	H₂NCOCH₂CH₂CHCOOH | NH₂	5.70	Gln	Q	
酸性アミノ酸	アスパラギン酸 aspartic acid	HOOCCH₂CHCOOH | NH₂	2.98	Asp	D	
	グルタミン酸 glutamic acid	HOOCCH₂CH₂CHCOOH | NH₂	3.22	Glu	E	
塩基性アミノ酸	アルギニン arginine	H₂NCNH(CH₂)₃CHCOOH | | NH NH₂	10.76	Arg	R	
	リジン lysine	H₂N(CH₂)₄CHCOOH | NH₂	9.74	Lys	K	必須アミノ酸
	ヒスチジン histidine	(イミダゾール)-CH₂CHCOOH | NH₂	7.59	His	H	

(三浦敏明他,「ライフサイエンス系の化学」,三共出版 (1996))

細菌細胞壁の組成の違いに起因するものである。すなわち表1.1に示すように，グラム染色性は，枯草菌（*Bacillus subtilis*）などのグラム陽性菌細胞壁の主成分はムコペプチドであるのに対し，大腸菌（*Escherichia coli*）などのグラム陰性菌細胞壁主成分はリポタンパク質[11]（脂質とタンパク質から構成）であることを反映するものである。なおグラム

14　1.6　微生物細胞の外殻構造

染色法は，細菌の同定（属や種の決定）や鑑別に際して今日も利用されているきわめて有用な染色法である。

> 11）　リポ（lipo-）は脂質（lipid）を意味する接頭辞。

このようにグラム陽性菌の細胞壁は放線菌と同様にムコペプチドを主成分とするが，この糖鎖を構成する糖はN-アセチルグルコサミン（N-acetyl-glucosamine：NAG）とN-アセチルムラミン酸（N-acetylmuramic acid：NAMA）であり，図1.13に示すようにこれらが交互に$\beta 1 \rightarrow 4$結合している構造である。

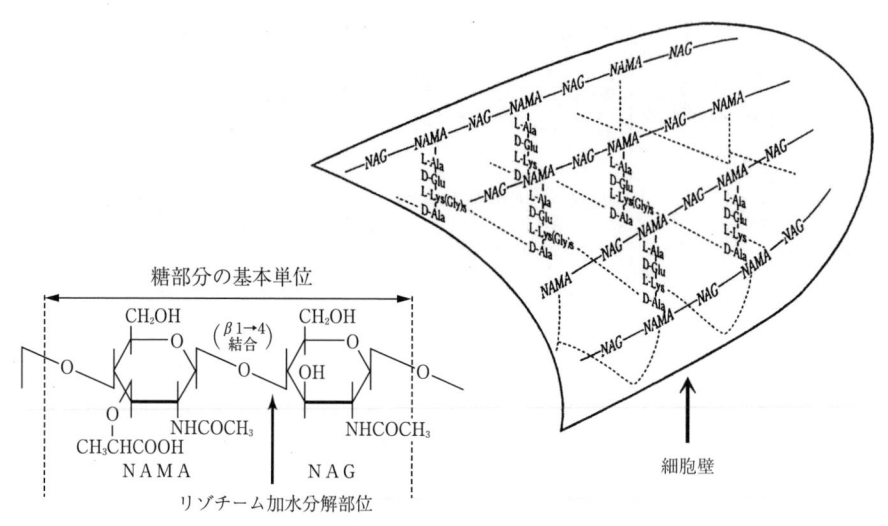

図1.13　ムコペプチドを主成分とするグラム陽性菌細胞壁の模式的構造

NAG：N-アセチルグルコサミン，NAMA：N-アセチルムラミン酸，L-Ala：L-アラニン，D-Ala：D-アラニン，D-Glu：D-グルタミン酸，L-Lys：L-リジン，Gly：グリシン。NAGとNAMAの間の$\beta 1 \rightarrow 4$結合は加水分解酵素であるリゾチームで切断されるので，グラム陽性菌をリゾチームで処理すると細胞壁の網目構造が破壊されて細胞は溶菌する。（宍戸和夫他，「微生物科学」，昭晃堂（1998））

なおNAGとNAMAの間の結合はリゾチーム（lysozyme）という酵素で加水分解されるので陽性菌をリゾチームで処理すると細胞壁が溶解して除去され"裸の細胞"を得る。このように細胞壁が除去されて細胞膜が細胞最外殻に剥き出しになった"裸の細胞"をプロトプラスト（protoplast）と呼ぶ。

他方，グラム陰性菌細胞壁にはこのような結合が存在しないのでグラム陰性菌をリゾチームで処理しても"不完全な裸の細胞"（スフェロプラスト：spheroplast）にしかならない。

後にも述べるように，二種類の細胞を融合してひとつの新しい細胞を創出する技術（細胞融合）ではプロトプラストを用いると効果的に反応が進行するので，グラム陰性菌の細胞融合を行う場合にはリゾチーム以外の方法によって細胞壁を除去しなければならない。

またムコペプチドのペプチド鎖[12]を構成するアミノ酸は主としてアラニン，グルタミン酸，リジンおよびグリシンである。またD型アミノ酸やジアミノピメリン酸が構成アミ

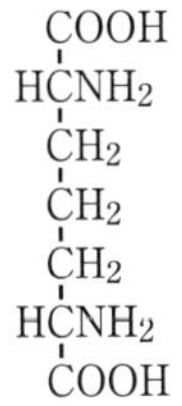

$$\begin{array}{c}\text{COOH}\\ \text{HCNH}_2\\ \text{CH}_2\\ \text{CH}_2\\ \text{CH}_2\\ \text{HCNH}_2\\ \text{COOH}\end{array}$$

図 1.14　ジアミノピメリン酸の構造

ノ酸として含まれることもあるが，ジアミノピメリン酸は自然界では原核細胞の細胞壁にのみ存在する特異なアミノ酸である（図1.14）。これらのアミノ酸から成るペプチド鎖がN-アセチルムラミン酸に結合し，図1.13に示すように網目構造の細胞壁を形成している。

> 12)　一般的にアミノ酸が数十残基から数百残基重合した低分子量のものをペプチドと呼び，数百残基から数万残基以上重合した高分子量のものをタンパク質と呼んでいるが，明確な区別はない。

上述のようにグラム陰性菌の細胞壁構成物質の大部分はリポタンパク質であり，これに微量で薄いムコペプチド層や脂質と多糖類の結合物であるリポ多糖層が混在する。これらを構成するアミノ酸や脂質あるいは糖類は菌主によって著しく異なるが，上記のN-アセチルグルコサミン（NAG）とN-アセチルムラミン酸（NAM）から成るムコペプチドの含有量が少ないのでグラム陰性菌の細胞壁はリゾチームによって加水分解されにくいことは先にも述べた。

さらにグラム陰性菌の細胞表層構造の特徴は，細胞壁と後述する細胞膜との間にペリプラズム（periplasm）と呼ばれる空隙部位をもつことである。グラム陽性菌ではペリプラズムは存在せず，したがって細胞壁と細胞膜は密着している。

ペリプラズムは従来，細胞の代謝にともなう老廃物質や老廃液の貯留部位であって積極的な生理的役割はないと考えられていたが，最近，細胞にとって毒性である物質の分解酵素が存在して毒性物質の細胞内への流入を防ぐ役割を果たしていることが明らかになった。

(2) 細 胞 膜

細胞壁の内側にはリン脂質とタンパク質を主成分とする細胞膜（cell membrane）が存在する。細胞膜は図1.16に示すようにリン脂質の2分子層から成る単位膜にタンパク質分子が挿入された構造と理解されているが，膜全体としては固定されたものではなく流動的でモザイク的な構造[13]である。

> 13)　1972年S. SingerとA. Nicolsonは細胞膜を"脂質の海をタンパク質の島が漂う流動的でモザイク的な構造"であると表現した。この考え方は細胞膜の特性をきわめて端的に表しているので"シンガーとニコルソンの流動モザイクモデル"学説として広く受け入れられ，その後のファジー理論の端緒ともなった。

ここでリン脂質の性質から細胞膜構造について考えてみよう。1940年にイギリスの化

1.6 微生物細胞の外殻構造

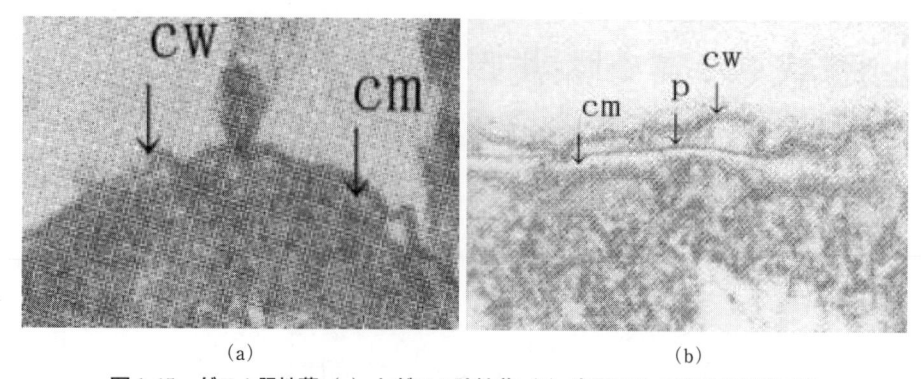

図 1.15　グラム陽性菌（a）とグラム陰性菌（b）表層切片の電子顕微鏡写真
cm：細胞膜，cw：細胞壁。グラム陰性菌（b）の細胞壁と細胞膜の間にペリプラズム（p）が観察される。

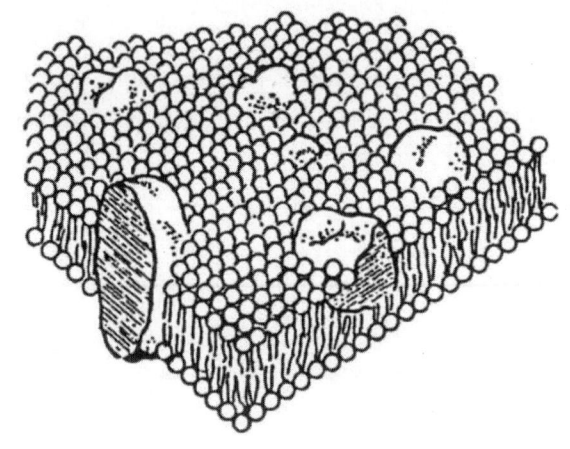

図 1.16　細胞膜の流動モザイクモデル
リン脂質二重層から成る"脂質の海"にタンパク質の"島"が漂う様子を示した。なお細胞膜の極性については本文を参照。

学者 Hildebrand は溶質の溶媒への溶解性を研究して次のような経験式を得た。

$$\delta = \sqrt{\varDelta E/V}$$

ここで，$\varDelta E$ は溶媒または溶質のモル体積であり，V は溶媒または溶質のモル蒸発熱である。また δ は"Hidebrand の溶解パラメーター"と呼ばれる。

Hildebrand は，さまざまな化学物質について経験的に δ 値を求め（表 1.3），「δ 値が近似する溶媒と溶質は互いに溶け合う」と結論し，さらに「イオン化傾向の大きな物質や分子内での電子分布に偏りのある物質の δ 値は相対的に大きい」と推定した。

このような彼の学説に基づくなら，分子中のカルボニル基やリン酸基のように電子が偏ってイオンとなる傾向が大きい部分の極性は相対的に大きくなり，他方，直鎖状脂肪酸のようなアルキル基では電子は一様に分布してイオンとなりにくいので相対的に極性は小さい。

表 1.3 Hildebrand の溶解パラメーター

溶媒または溶質	溶解パラメーター（δ 値）
n-ペンタン	7.1
n-ヘキサン	7.3
n-ヘプタン	7.4
ジエチルエーテル	7.4
クロロホルム	9.1
テトラヒドロフラン	9.1
ベンゼン	9.2
アセトン	9.4
エタノール	11.2
酢酸	12.4
メタノール	12.9
純水	21.0

したがって細胞膜を構成するリン脂質は，ひとつの分子中に疎水性部と親水性部の両方をもつ両親媒性化合物と理解することができ，単位膜構造では膜の内部に疎水性部が向かい合って位置し，また親水性部は膜の外側に位置して外部の水相と接触できるので二分子層からなる単位膜構造となる。なお図 1.16 ではリン脂質の親水性部（極性部）を白丸で表し，疎水部（非極性部）を 2 本の線で表した。

他方，一般的な細菌（真正細菌）の細胞膜リン脂質はその直鎖状疎水性部（直鎖脂肪酸）が親水性部（グリセリン）の水酸基にエステル結合した構造であるが，極端な高温環境や高塩濃度環境でも増殖できる"古細菌"[14]と呼ばれる一群の細菌の細胞膜リン脂質はメチル分岐をもつ疎水性部（分岐炭化水素）と親水性部（グリセリン）とがエーテル結合した構造である。一般にエステル結合に比べてエーテル結合は高温で安定であり，また分岐構造は細胞膜の流動性を減少させるので高温や高塩濃度の環境下での生存に有利であると理解されている。

> [14] 真正細菌（eubacteria）と古細菌（archaebacteria）はしばしば自然界で共存して生存している。したがって両者の間に明確な区別はなく，古細菌細胞膜の特殊な脂質は環境への適応の結果である。

単位膜に挿入されているタンパク質分子も，膜の内部に埋もれた部分はトリプトファンやプロリンなどの疎水性アミノ酸残基を多く含んで疎水性分子としての傾向を示し，他方，膜の外側に露出した部分はリジンやグルタミン酸などの親水性アミノ酸残基を多く含んで親水性分子として挙動する（表 1.3 参照）。

細胞膜に存在するタンパク質は，外部からの刺激や情報に対する受容体（レセプター，receptor）として作用し，また増殖に必要な栄養物質などを細胞外部から細胞内部へ選択的に透過させる能動輸送[15]や細胞内部から細胞外部への物質の分泌を担い，さらには細胞壁や細胞膜の構築を行うなど微生物細胞の生命活動に必須の役割を果たしている。

図 1.17 真正細菌と古細菌の細胞膜に特徴的な脂質
真正細菌の細胞膜リン脂質にみられるエステル結合（a），ならびに古細菌の細胞膜リン脂質にみられるエーテル結合と分岐（b）を□で示した。

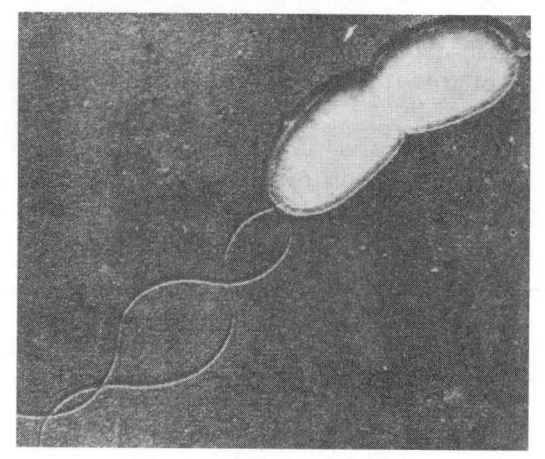

図 1.18 鞭毛の電子顕微鏡写真
桿菌細胞末端部に 2 本の太い鞭毛が観察される。倍率は 18,000 倍。

> 15) 濃度勾配や浸透圧勾配に従って物質を移動させる輸送態様を受動輸送と呼び，何らかの機構によってこれらの勾配に逆行して物質を移動させる輸送態様を能動輸送という。

(3) 運動器官

微生物の中でも特に細菌類は鞭毛（flagella）や繊毛（あるいは線毛，pilli）という器官によって位置の移動（運動）を行う。

鞭毛は細胞の長軸末端から派生する 1 本あるいは数本の太くて長い繊維状タンパク質であり，また繊毛は細胞の周囲に密生する細く短い繊維状タンパク質である。

鞭毛と繊毛は外観や形状が異なっているにもかかわらず構造的には多くの共通の性質がある。例えば両者ともに分子量 20,000 から 40,000 程度のタンパク質が集合して繊維状となり，細胞膜から派生して細胞壁を貫通し，細胞外部へ伸びている。

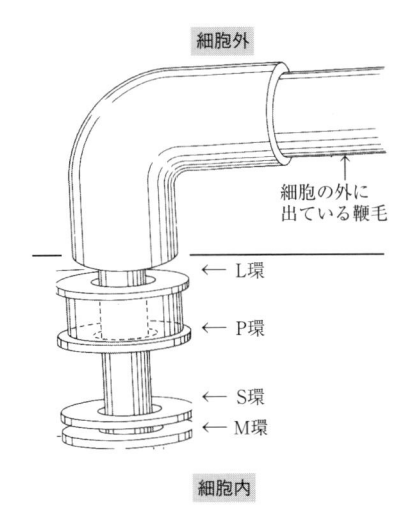

図1.19　鞭毛基部の模式図
(R. Y. Stainier らの原図（1986）を参考に作図)

なお両者を構成するタンパク質の一次構造（アミノ酸の配列順序）は明らかに異なっているので，鞭毛を構成するタンパク質をフラジェリン（flagellin）と呼び，繊毛を構成するタンパク質をピリン（pillin）と呼んで区別している。

鞭毛や繊毛が派生する基部の細胞表層にはM環やP環などのリングが存在し，これらの回転が中心桿に伝えられることによって鞭毛あるいは繊毛の1本ずつが回転子として作用し，細胞の運動がもたらされる。

したがって微生物の細胞壁をリゾチームなどの細胞壁溶解酵素で完全に除去したプロトプラストや部分的に除去したスフェロプラストではリングは支持体構造を失うために十分な回転運動ができなくなり，その結果，細胞の運動も抑制される。

さらに鞭毛や繊毛をもつ微生物の浮遊する液（懸濁液，suspension）に，ある種の化学物質が存在すると，細胞にとってその化学物質が最も適当な濃度となる位置に微生物は移動する。例えば栄養物のような誘引物質（attractant）が存在する場合，微生物は誘引物質の濃度の高い部分に向かって集まり，あるいは毒性物質のような忌避物質（repel-

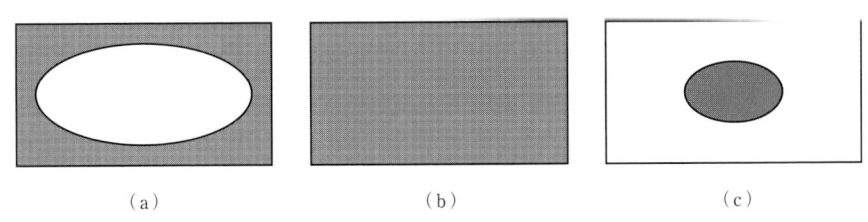

図1.20　微生物の走気性を示す実験
微生物の懸濁液をスライドグラス表面に滴下した後，その上をカバーグラスで覆って放置する。増殖に酸素を必要とする微生物（好気微生物）は空気と接触できるカバーグラス周縁部に集まり，増殖が酸素の有無に影響されない微生物（通性嫌気微生物）はカバーグラス全体に均一に分布し，また酸素によって増殖が阻害される微生物（偏性嫌気微生物）は空気との接触を避けて酸素濃度の低いカバーグラス中央部に集まる。

lant) の場合には逆にその物質から離れて濃度が最も低くなる個所に移動する。

このような化学物質に対する微生物の挙動を走化性 (chemotaxis) といい，鞭毛や繊毛に依存する性質である。

同様に微生物にとっては空気や分子状酸素が誘引物質や忌避物質となる場合があり[16]，鞭毛や繊毛によって移動する。このような性質を走気性 (aerotaxis) という。

鞭毛あるいは繊毛の有無やこれらによる走性特性は微生物の同定[17]にきわめて重要である。

> [16] 微生物は空気や酸素に対する要求性から，増殖に酸素を必須とする群（好気性微生物），ならびに酸素が増殖を阻害する群（嫌気性微生物），および増殖が酸素の有無に影響されない群（通性嫌気性微生物）に大別される。それぞれの群の特性は後の項で詳しく述べる。

> [17] 形態や生化学的特性あるいは運動性の有無に基づいて微生物の属名や種名を判定することを同定と呼ぶことはすでに説明したが，特に最近は企業や研究機関が有用な特性をもつ新規微生物を自然界から分離したり，あるいは新たに創製して特許化する傾向が著しく，同定は従来の単なる分類とはまったく異なる意義をもつようになった。

2 微生物の増殖と培養

2.1 微生物の増殖条件
(1) 栄養源

微生物が増殖するためには，エネルギー獲得と細胞構成物質を合成するための栄養素が必要である。

しかし微生物が必要とする栄養素，すなわち微生物の栄養要求性は多岐にわたっているので，これらの栄養素の混合物質（培地：medium）の種類も膨大であり，培地の調製も経験的なものである場合も多い。

他方，表 2.1 ならびに表 2.2 に示すように細胞を構成する元素やそれらの生理的役割は微生物全体で共通であることから，微生物の栄養要求性を大まかに推定することが可能である。

表 2.1 微生物の細胞を構成する主要な元素

元　　素	細胞乾燥重量当たりの重量%
炭　素	～50
酸　素	～20
窒　素	～20
水　素	～11
リ　ン	～10
硫　黄	～ 1
カリウム	～ 1
ナトリウム	～ 1
カルシウム	～ 0.8
マグネシウム	～ 0.5
鉄	～ 0.1
その他の微量元素の合計	～ 1

なお表 2.1 には示していないが，水は微生物細胞の全重量の 90% 余りを占め，必須の栄養素である。

水に次いで細胞の有機物質を構成する炭素，タンパク質や核酸を構成する窒素，アミノ酸や一部の補酵素に含まれる硫黄，ならびに核酸や細胞膜リン脂質などの成分であるリンの含有量が高い。

さらにタンパク質合成に必須のマグネシウムや，酵素や補酵素の成分である亜鉛，鉄，銅などの重金属類，さらには細胞の浸透圧調整に関与するカリウムやナトリウム，あるいは細胞が受け取る情報（刺激）の伝達に関与するカルシウムなどは微量ではあるが重要な役割を果たしており，微量栄養素と呼ばれる。

表 2.2 主要元素の代表的生理機能

元　素	代表的生理機能
炭　素	細胞構成有機物質の構成成分
酸　素	細胞内の水，細胞構成有機物質の構成成分
窒　素	細胞構成有機物質（タンパク質，核酸，酵素など）の構成成分
水　素	細胞内の水，細胞構成有機物質の成分
リ　ン	核酸，リン脂質の構成成分
硫　黄	含硫タンパク質，システインなどの含硫アミノ酸および補酵素類（CoA など）の構成成分
カリウム	浸透圧調整，イオンチャンネルの開閉，刺激の伝達
ナトリウム	浸透圧調整，イオンチャンネルの開閉，刺激の伝達
カルシウム	刺激の伝達，酵素の補助因子
マグネシウム	タンパク質合成の補助因子，酵素の補助因子
鉄	電子伝達系の構成成分，酵素の補助因子

一般的に微生物は糖類から炭素を得ることが多いが，糖類のように炭素を供給する物質を炭素源（carbon source あるいは C 源）という。微生物が直接的な炭素源として利用できるのはブドウ糖（glucose）である場合が多いが，そのほかにもショ糖（あるいはサッカロース：saccharose ともいう）などの二糖類やデンプン（あるいはアミロース amylose ともいう）などの多糖類を炭素源として培地に添加することもある。ショ糖は微生物のインベルターゼ（invertase，あるいはサッカラーゼ：saccharase ともいう）などの二糖分解酵素によって，またデンプンはアミラーゼ（amylase）などの多糖分解酵素によって最終的にはブドウ糖にまで加水分解されて利用される。

なおショ糖は重量比で数パーセントの濃度で存在するならば炭素源として微生物に利用されるが，重量比で 20% 以上の高濃度では微生物の増殖を抑制する効果が発現する。このような効果を静菌効果[18]というが，いわゆる"砂糖漬け"が食品などの有機物の保存に適するのはこのような効果による。

炭素源であるブドウ糖の一部は細胞の構成成分として利用されるが，大部分はピルビン酸に変換された後，二酸化炭素や有機酸へ酸化され[19]，その過程で高エネルギー物質（アデノシン三リン酸：adenosine triphosphate，ATP）が産生される。

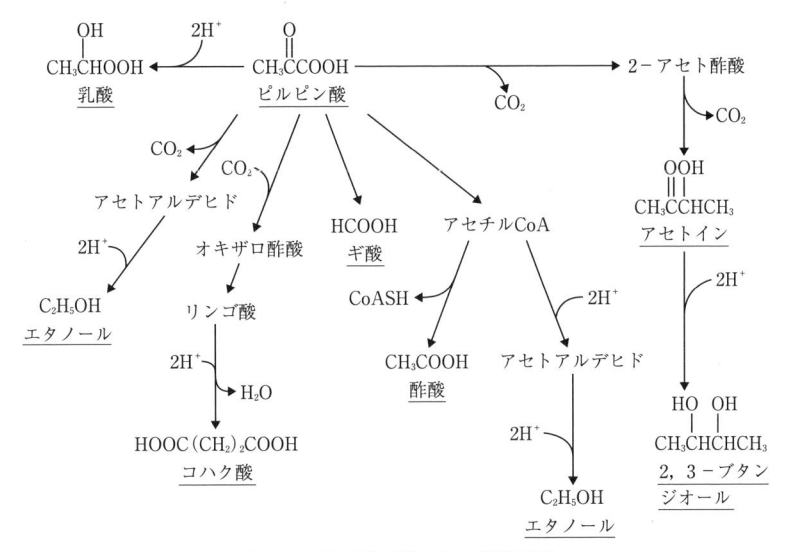

図2.1　ピルビン酸からの発酵産物
特に重要な発酵生産物にアンダーラインを付した。

> ⑱　微生物を殺す効果を殺菌効果あるいは滅菌効果と呼ぶが，この効果は非可逆的である。他方，微生物の増殖を抑制する静菌効果は，抑制の原因となる物質を取り除くことにより微生物の増殖は回復する可逆的効果である。なお殺菌作用と静菌作用をあわせて抗菌作用と呼ぶこともある。

> ⑲　後に詳しく述べるように，酸素のある環境下で増殖する好気性微生物は有機物を水と二酸化炭素にまで完全酸化するが，酸素のない環境下で増殖する嫌気性微生物は有機物を乳酸や酢酸などの有機酸，あるいはエタノールなどの中間物質にまでしか酸化できない。このような有機物の酸化形式を発酵という。

　また一般的にはラン藻と呼ばれているシアノバクター属（*Cyanobacter* 属）や硫黄を酸化する硫黄細菌（クロマチウム属：*Chromatium* 属など）あるいはロドバター属（*Rhodobacter* 属）などの細菌類は，"バクテリオクロロフィル"と呼ばれる植物クロロフィルと同様の葉緑素をもち，光合成によって二酸化炭素を同化して炭素源として利用することができる。

　他方，微生物はほとんどすべての含窒素有機物と硫酸アンモニウム塩などの一部の含窒素無機物を窒素源として利用する。

　また根粒菌（*Rhizobium* 属）などの一部の微生物は，大気中の分子状窒素ガスをアンモニアに還元して窒素源として利用する。このような窒素の利用態様を窒素固定（nitrogen fixation）という。なお自然界での窒素循環については後の章でも詳しく述べる。

　また必須微量元素である重金属も多彩な現象を示す。例えば亜鉛や銅は微生物細胞内の酵素構成成分などとして重要であり，通常は微生物細胞湿重量1ミリグラム当たり0.1ナ

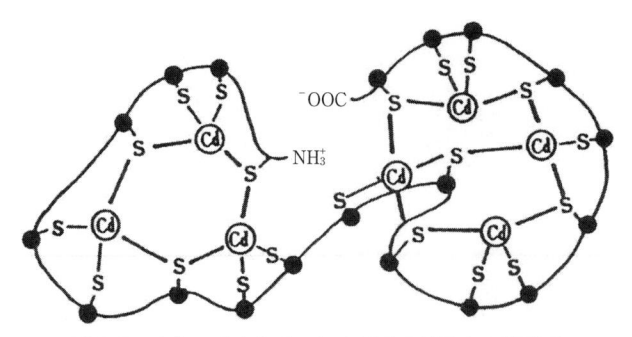

図 2.2 メタロチオネインによる重金属結合の模式図

メタロチオネインはシステイン残基を多く含むタンパク質であり，このアミノ酸のチオール基を介して重金属を結合する。図はカドミウムの結合を模式的に示したが，多くの場合には1分子のメタロチオネインに4から8原子の重金属が結合する。図中の COO^- および NH_3^+ はそれぞれタンパク質（メタロチオネイン）のC末端およびN末端を示し，黒丸ならびにSはシステイン残基ならびにチオール基を示す。

ノグラムから2ナノグラム程度存在する。しかし培地などの環境に存在するこれらの重金属濃度が上昇すると細胞内の重金属濃度も上昇して毒性が発現され，極端に高濃度の重金属が存在すると微生物は死滅する。毒性が発現されるものの死滅には至らない程度の細胞内重金属濃度（多くの場合，微生物細胞湿重量1ミリグラム当たり500ナノグラム程度）で，微生物は細胞内にメタロチオネイン[20]に代表される重金属結合タンパク質を新たに合成[21]して重金属毒性の解毒を行う。

> [20] メタロチオネイン（metallothionein）という名は，このタンパク質が重金属（metal）結合性のチオール（thiol基）に富むタンパク質（-nein: タンパク質を表す接尾語）であることに由来している。すなわちメタロチオネインは構成アミノ酸として含硫アミノ酸であるシステイン（表1.2参照）を多く含み（全構成アミノ酸の40%程度），システインのチオール基（SH基）によって重金属を結合するタンパク質である。メタロチオネインは代表的な誘導性タンパク質であり，微生物から哺乳動物にいたるまで広く分布している。なお誘導性タンパク質については注21)を参照。

> [21] 細胞内に物質が取り込まれたことによって，もともとは細胞に存在しなかったタンパク質が新たに合成される現象を誘導（induction）という。また誘導によって新たに合成されるタンパク質を誘導性タンパク質（induced protein）と呼び，誘導を引き起こす原因となった物質を誘導源（inducer）という。なお誘導性タンパク質に対して，細胞に本来的に備わっていてもともとから存在するタンパク質を構成タンパク質（constitutive protein）という。

通常，微生物を増殖させる場合には動物性タンパク質や植物性タンパク質の加水分解物であるペプトンや酵母抽出物である酵母エキスを培地主成分として用い，また経済性を重視する場合には食品加工残渣などの有機性廃棄物が用いられる。これらはいずれも化学的に合成された物質ではなく天然の物質に由来するので天然培地（natural medium）と呼ばれる。

表 2.3　天然培地の例：Luria-Bertani 培地

成　分	重量パーセント（w/v）
ペプトン	1　％
酵母エキス	0.5％
塩化ナトリウム	1　％
	（pH 7.5）

LB 培地とも略称される培地で、ほとんどすべての微生物の増殖に適する。上記の成分を脱イオン水に溶解後、水酸化ナトリウム溶液あるいは塩酸で pH を調整し高圧蒸気滅菌して使用する。

表 2.4　合成培地の例：Sauton 培地

成　分	添加パーセント
L-アスパラギン	0.4　％（w/v）
クエン酸	0.2　％（w/v）
リン酸水素二カリウム	0.05　％（w/v）
硫酸マグネシウム	0.05　％（w/v）
クエン酸アンモニウム	0.005％（w/v）
グリセリン	0.06　％（v/v）
トゥイーン	0.01　％（v/v）

Sauton 培地は放線菌の培養に適する。成分を脱イオン水に溶解した後、表 2.3 と同様に pH を調整し、高圧蒸気滅菌して使用する。トゥイーンは合成界面活性剤の一種。

天然培地は基本的に生物に由来する物質を主成分とするため炭素源、窒素源ならびに微量元素類が微生物の増殖に適当な濃度で含まれている利点がある。

しかし天然培地に含まれる栄養素の詳細で正確な種類や量は不明な場合が多く、また市販品の場合には製造ロットによっても栄養素の種類や量は変化する。

したがってきわめて厳密な栄養要求性や特殊な栄養要求性を示す微生物の増殖には天然培地は不適当であり、栄養素の種類や量が規定されていて組成が明確な培地を用いる必要がある。このような培地を合成培地（synthetic medium）という。

(2) 酸 素 分 圧

先にもふれたように微生物は酸素（あるいは空気）の要求性から、好気性微生物（あるいは好気菌、aerobic microorganism あるいは aerobe）と通性嫌気性微生物（あるいは通性嫌気菌、facultative anaerobic microorganism あるいは facultative anaerobe）および絶対（または偏性）嫌気性微生物（obligate anaerobic microorganism あるいは obligate anaerobe）に大別される[22]。

> 22) 絶対嫌気性微生物を単に"嫌気性微生物"あるいは"嫌気菌"という場合もある。ただし通性嫌気性微生物と絶対嫌気性微生物を区別しないで"嫌気菌"と表している例も見られるが、両者は別個であるのでこのような表現は誤りである。

好気性微生物は酸素が十分に存在する環境下でのみ増殖が可能であり、有機物に由来する電子は最終的に分子状酸素に受容される。酸素分子を最終電子受容体（acceptor）とする生物的酸化還元反応を好気呼吸（aerobic respiration）といい、この呼吸形式では有機物は水と二酸化炭素にまで完全酸化される。

例えば、好気呼吸によって炭素源であるブドウ糖が完全酸化される場合の自由エネルギーの変化は次式で示される。

$$C_6H_{12}O_6 \longrightarrow 6CO_2 + 6H_2O + 688\,\text{kcal} \tag{2-1}$$

他方，メタンガスを生成するメタン菌や食中毒原因菌でもあるクロストリジウム属 (*Clostridium* 属) に代表される絶対嫌気性微生物は酸素のない環境下でのみ増殖することができる。

絶対嫌気性微生物の細胞内には，酸素から派生するスーパーオキシドラジカル ($\cdot O_2^-$) や過酸化水素 (H_2O_2) の分解酵素であるカタラーゼ (catalase) やパーオキシダーゼ (peroxidase) が存在しないので，これらの過酸化分子種が微生物の細胞膜リン脂質を攻撃して細胞膜に小孔を形成し，この小孔から細胞内容物が漏出して微生物は死滅すると理解されている。

絶対嫌気性微生物では，有機物に由来する電子は他の有機物を最終電子受容体とする。したがって上記の好気呼吸とは違って有機物は二酸化炭素と水にまで完全には酸化されずに中間酸化物質として蓄積する。このような有機物の酸化還元反応を発酵[23] (fermentation) といい，アルコールを蓄積する酵母のアルコール発酵や乳酸を蓄積する乳酸菌の乳酸発酵などが代表的な例である（図2.1参照）。

> [23] 発酵の語源は，飲料用アルコールの醸造の際の気泡音に由来するので「発酵」ではなく「醱酵」と表記するのが適当であるともいわれている。

発酵で得られるエネルギーは好気呼吸で得られるエネルギーよりもはるかに小さく，したがって嫌気性微生物の増殖は好気性微生物のそれよりも悪いが，嫌気性微生物は有機物を完全に酸化することがないので酸化中間体である有用物質を回収できる利点がある。

なおブドウ糖を炭素源とするビール酵母 *Saccharomyces cerevisiae* のアルコール発酵の自由エネルギー変化は次式で表される。

$$C_6H_{12}O_6 \longrightarrow 2CO_2 + 2CH_3CH_2OH + 58 \text{ kcal} \qquad (2\text{-}2)$$

通性嫌気性微生物は酸素の有無にかかわらず増殖できる微生物であり，酸素分圧によって好気呼吸による有機物代謝と発酵による有機物代謝とを切り替えることができる。したがって通性嫌気性微生物は，過酸化分子種の分解に関与するカタラーゼやパーオキシダーゼなどの酵素を構成酵素として備えているか，あるいは比較的容易にこれらの酵素を誘導できると考えられる。

また多くの通性嫌気性微生物は培地などの環境中に硝酸塩や硫酸塩のような無機塩類が存在すると，これらの無機塩類を最終電子受容体として有機物を酸化し，エネルギーを得ることができる。このような有機物の酸化還元反応を無機塩呼吸 (inorganic respiration) という。

無機塩呼吸で得られるエネルギー量や蓄積される生成物の種類（すなわち有機物の酸化の程度）は無機塩の種類や濃度あるいは微生物の種類によって異なるが，好気呼吸と発酵との中間と考えてよい。

太古の地球を取り巻く大気環境中には未だ酸素は存在しなかった。したがって生命進化の観点からすれば最初に地球上に出現した原始細胞[24]あるいは原始微生物は過酸化分子種

2 微生物の増殖と培養

(a)

$$AH_2 \rightarrow A, \quad nADP+nPi \rightarrow nATP \text{（電子の流れ）} \rightarrow xO_2 \rightarrow 2xH_2O$$

(b)

$$AH_2 \rightarrow A, \quad mADP+mPi \rightarrow mATP \text{（電子の流れ）} \rightarrow B \rightarrow BH_2$$

(c)

$$AH_2 \rightarrow A, \quad n'ADP+n'Pi \rightarrow n'ATP \text{（電子の流れ）} \rightarrow NO_3^- \rightarrow NO_2^- \text{あるいは} SO_4^{2-} \rightarrow H_2S$$

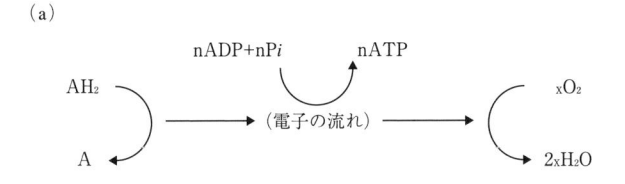

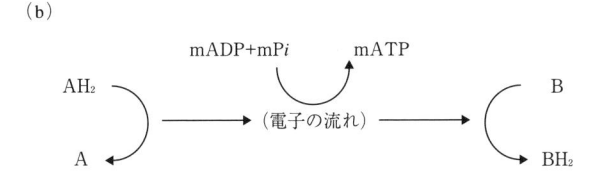

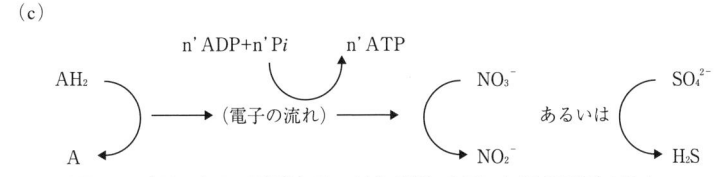

図 2.3 好気呼吸，発酵あるいは無機塩呼吸における電子の流れ

(a) 好気呼吸では還元型有機物質（AH_2）の酸化（A）によって派生する電子は最終的に x モルの酸素に受容されて 2x モルの水を生じ，この過程で n モルのアデノシン二リン酸（ADP）と n モルの無機リン酸（Pi）とから高エネルギー化合物であるアデノシン三リン酸（ATP）が n モル生産される。
(b) 発酵では還元型有機物（AH_2）の酸化によって派生する電子は最終的に酸化型有機物（B）に受容されて還元型有機物（BH_2）を生成する。この場合も好気呼吸と同様にエネルギー（ATP）が生産されるが，好気呼吸に比較して生産される ATP のモル数は少ない（m＜n）。
(c) 無機塩呼吸では還元型有機物（AH_2）の酸化によって派生する電子は硝酸塩や硫酸塩などの無機塩類を最終電子受容体として，それぞれ亜硝酸塩や亜硫酸塩を生成する。この過程で生じるエネルギー量（ATP のモル数）は無機塩類や有機物の種類によって異なる。

に対する防御機構のない絶対嫌気性種が優占的であったと推定され，その後，無機塩呼吸を行う微生物や通性嫌気性微生物を経て現存する好気性微生物へ進化したと推定される。

> 24) 1953 年に当時米国シカゴ大学の大学院生であったミラーは図 2.4 に示す装置を用いて，原始大気に似せたメタン，アンモニア，および水素から成る混合気体と海洋水を模した水をフラスコに入れ，さらに原始地球の稲妻を模して放電しながらフラスコを過熱した。1 週間後にフラスコの内容物を分析したところ，生体構成基本物質であるアミノ酸が検出された。この結果から彼は，原始大気中の気体混合物が放電や熱エネルギーあるいは紫外線や放射線などのさまざまな刺激を受け，原始的生命体である有機粒子（コアセルベート）が形成されたのであろうと推定して化学進化説を提唱した。

(3) 水素イオン濃度と温度

微生物の増殖は環境や培地の水素イオン濃度（pH）によって著しく影響される。一般的に分裂菌類や酵母は pH が 6.8 から 7.5 付近の微酸性から微アルカリ性領域で最も良好に増殖するが，糸状菌は pH5 から 6 付近の弱酸性に最適増殖 pH 領域がある。したがっ

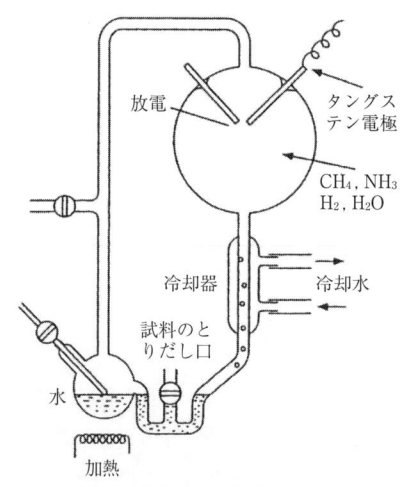

図 2.4　ミラーが生命の化学進化説を提唱するために用いた実験装置
ミラーが行った実験の詳細は脚注 24) に記載。

てさまざまな微生物の混合物の中から糸状菌のみを分離するために弱酸性に調整した培地を用いることがある。このような方法を弱酸性培養（acidification）という。

また微生物の中には乳酸菌や酢酸菌のように pH2 あるいは 3 程度の強酸性環境下でも増殖する菌群や（耐酸菌あるいは好酸菌），pH10 以上の強アルカリ性環境下で増殖する菌群（耐アルカリ菌あるいは好アルカリ菌）も存在する[25]。

> 25) 耐酸菌や耐アルカリ菌の増殖最適 pH も微酸性領域から微アルカリ領域にあり，これらの菌種が強酸性環境下や強アルカリ環境下で増殖するとアンモニア態窒素や有機酸を分泌して自身の細胞を取り巻く微細環境を微酸性や微アルカリ性に調整する。これに対して好酸菌あるいは好アルカリ菌の最適増殖 pH は強酸性領域あるいは強アルカリ領域にある。機構の詳細は不明であるが，好酸菌や好アルカリ菌の細胞内部は中性付近に保持されている。

他方，微生物の増殖は温度によっても影響される。一般に微生物の代謝は 25℃ から 40℃ の温度域で最も活発であるが，低温になるにしたがって代謝機能が低下するので増殖は緩慢となり，氷点下ではすべての代謝と増殖は停止する。

しかしこのような温度条件下で微生物は必ずしも死滅するわけではなく，適当な温度条件が与えられると代謝機能を回復して再び増殖を開始する。したがって低温下で微生物の増殖が観察されない現象は静菌効果のひとつである。

他方，細胞の凍結と融解を繰り返すと凍結時や融解時に生成する氷の結晶や小片が微生物細胞の細胞膜や細胞壁を機械的に切断して細胞内容物の漏出が起こり，結果的に微生物は死滅する。この現象をドロッピング（dropping）という。なお漏出した細胞内容物は他の微生物のよい栄養となるので，ドロッピングした試料は逆に微生物が増殖しやすい環境となる。したがって試料を凍結保存した後に融解して使用する場合には操作を速やかに行う必要がある。

また深海や極地などに存在する微生物の中にはかなりの低温域（2〜10℃付近）でも代謝活性が低下することなく増殖が可能な菌種も知られており，このような微生物は低温菌（psychrophile）と呼ばれる。

一方，通常は50℃以上の高温域では微生物を構成するタンパク質や核酸が不可逆的に変性するので微生物は死滅する。ただし火山口や温泉湧出口などに存在する微生物の中には90℃を超える高温でも増殖が可能な菌種があり，好熱菌（thermophile）と呼ばれる。

このような耐熱性は好熱菌のタンパク質が耐熱性を有することや核酸が耐熱性タンパク質で被われていることなどに起因すると推定されており，さらには前章で述べたように細胞膜がエーテル結合をもつリン脂質で構成されていて断熱性に富むことも一因と考えられている（図1.16参照）。

2.2 増殖の速度論

1個の微生物細胞は，外部の栄養を細胞内に取り込んだ後，一定の細胞体積に達すると2個の細胞に増殖する。すでに述べたように微生物の増殖は，細菌のように分裂するものや酵母のように出芽するもの，あるいは糸状菌のように菌糸の伸張と隔壁の形成によるものなど多様であるが，いずれの場合にも増殖後の2個の細胞の生物化学的特性は同一である。したがって前と同じ時間が経過すると再び増殖し，生物化学的に同一の特性をもつ細胞数が指数関数的に増加する。

すなわち温度やpHなどの環境条件が同一であってさらに栄養素の濃度に変化がなければ，1回目の細胞増殖から次の増殖までの時間は微生物ごとに一定であり，したがってその微生物の全細胞数が初期細胞数の2倍になる時間も微生物ごとに一定である。微生物の細胞数が2倍となるのに要する時間を，世代時間（generation time）あるいは倍加時間（doubling time）という。

つまり諸条件に変化がなければ，ある系の全微生物細胞数は世代時間ごとに2倍となって2の指数関数的に増加するので

$$N_t = N_0 \times 2^n \tag{2-3}$$

が成立する。ここでN_0は，時間t_0における単位培地容量当たりの全細胞数であり，N_tはt時間後の全細胞数である[26]。またnはこの間の分裂回数（あるいは出芽回数または菌糸伸張隔壁形成回数）である。

> 26) 細胞を計数する操作は煩雑であるので，培地1ミリリットルあるいは1リットル当たりの微生物を集めてその湿重量を細胞数として代替する場合が多い。

両辺の対数をとると

$$\log_{10} N_t = \log_{10} N_0 + n\log_{10} 2 = \log_{10} N_0 + 0.301n \tag{2-4}$$

となり，分裂回数は

2.2 増殖の速度論

$$n = (\log_{10} N_t - \log_{10} N_0)/0.301 \tag{2-5}$$

であたえられる。

また時間 t を，その間の分裂回数 n で割った値は世代時間（G：あるいは倍加時間 t_d とも表記される）に相当するので

$$G = t/n = 0.301t/(\log_{10} N_t - \log_{10} N_0) \tag{2-6}$$

であたえられる。

例えば t_0 における培地 1 ミリリットル中の微生物細胞数を 10^3 個，5 時間後の細胞数を 10^8 個とすると世代時間（G）は

$$G = 5/3.3 \times (8-3) \tag{2-7}$$

であたえられ，この微生物の世代時間を約 0.3 時間（18 分）と推定することができる。

一般に細菌類の世代時間は 15 分から 30 分程度と短く，また酵母の世代時間も 1 時間ほどである。しかし糸状菌や放線菌の世代時間は数時間から時として数日間にわたる。

また世代時間のほかに，増殖の指標として増殖速度定数（growth rate constant，あるいは比増殖速度 specific growth rate ともいう：いずれも μ と表記）を用いることがある。

すなわち微生物の増殖速度はその時間（t）に存在する微生物細胞数（N）に比例するので増殖速度定数 μ（単位：h^{-1}）は

$$dN/dt = \mu N \tag{2-8}$$

と定義される。

この式を積分すると

$$l_n N_t - l_n N_0 = \mu(t-t_0) \tag{2-9}$$

あるいは

$$l_n(N_t/N_0) = \mu(t-t_0) \tag{2-10}$$

ここで N_0 および N_t はそれぞれ時間 t_0 および t における細胞数である。

式（4-7）の自然対数を常用対数にすると

$$\log_{10} N_t - \log_{10} N_0 = \mu(t-t_0)/2.303 \tag{2-11}$$

となり，増殖速度定数を求めることができる。

例えば前述の例と同様に，時間 t_0 の微生物細胞数が培地 1 ミリリットル当たり 10^3 個，5 時間後の細胞数が 10^8 個である場合の増殖速度定数は

$$\mu = (8-3) \times 2.303/5 = 2.3(h^{-1}) \tag{2-12}$$

となる。

また世代時間（G）は細胞数が 2 倍になるのに必要な時間であるから式（2-11）において $G=t-t_0$，$N_t/N_0=2$ とおけば

$$G = l_n 2/\mu \tag{2-13}$$

すなわち

$$\mu = l_n 2/G = 0.693/G \tag{2-14}$$

となる。

他方,微生物反応を巨視的に見ると,

炭素源 + 窒素源 + 酸素 → 微生物体 + 生産物 + 二酸化炭素 + 水

となる。この式を記号で表すと,

$$\Delta S + \Delta N + \Delta O_2 = \Delta X + \Delta P + \Delta CO_2 + \Delta H_2O$$

になる。

これによって,さまざまな反応を総括的かつ定量的に考えることができる。そのひとつが収率の概念である。

式 (2-15) で,炭素源(基質)の消費に対する微生物体の増殖収率を定義することができる。
すなわち,

$$Y_{X/S} = \frac{\Delta X}{\Delta S} \tag{2-16}$$

ここで,$Y_{X/S}$:炭素源に対する増殖収率(g-cell/mol C)

例えばパン酵母を生産する場合には $Y_{X/S}$ をいかに大きくするかが課題となる。

また,消費する酸素に対する増殖収率も同様に定義することができる。

$$Y_{X/O} = \frac{\Delta X}{\Delta O_2} \tag{2-17}$$

ここで,$Y_{X/O}$:酸素消費に対する増殖収率(g-cell/mol O_2)

増殖収率はエネルギー消費量に対する収率となり,生産工程の省エネルギー化の目安のひとつにもなる。

さらに発酵生産において,原料である炭素源に対する生産物の収率もきわめて大切である。これは,原料をいかに無駄なく生産物に変換するかの指標となる。

$$Y_{p/s} = \frac{\Delta P}{\Delta S} \tag{2-18}$$

$Y_{p/s}$:炭素源に対する生産物収率(mol product/mol C)

なお,これらの収率以外にも,ATP 基準の収率など,目的に応じていろいろな収率が使用されている。

生産活動においては,原料を無駄にすることなく,少ないエネルギーで生産するかが鍵のひとつである。これとともに,いかに早く生産するかも大切である。そのため,反応速度を理解する必要がある。微生物反応において特徴的なことは,単位微生物体当たりでの評価である。式 (2-8) で,比増殖速度 (μ) を定義した。同様に,比基質消費速度,比酸素消費速度,比生産物生産速度なども定義することができる。

$$\mu = \frac{1}{X}\frac{dX}{dt} \quad \mu:\text{比増殖速度 (h}^{-1}\text{)} \tag{2-19}$$

$$\nu = \frac{1}{X}\frac{dS}{dt} \quad \nu:\text{比基質消費速度 (mol substrate/gcell/hr)} \tag{2-20}$$

$$\pi = \frac{1}{X}\frac{dP}{dt} \quad \pi: 比生産物生産速度 (\text{mol product/g-cell/hr}) \quad (2\text{-}21)$$

これらの諸係数は，微生物反応が微生物の増殖と連動する場合は密接に関係する。

2.3 増殖曲線

培地単位容量当たりの微生物の細胞数（あるいは湿重量）の対数を増殖時間に対してプロットすると図2.5のような曲線がえられる。このような微生物の増殖態様を示す曲線を増殖曲線（growth curve）という。

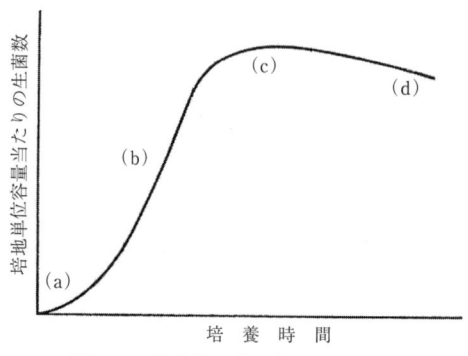

図2.5 微生物の典型的な増殖曲線

微生物は新しい環境に移行した後にただちに増殖を開始するわけではなく，その環境に適応（adaptation）する必要がある。すなわち新しい環境でエネルギーを獲得し，あるいは細胞構成物質を合成するためには，呼吸形式を変化させあるいは必要な酵素を誘導合成しなければならない。したがって，この間に見かけの細胞数はほとんど変化しない。

この増殖期を遅滞期（lag phase）あるいは誘導期（induction phase）という。

遅滞期の後に微生物は指数関数的に増殖を開始する。この増殖期を対数増殖期あるいは対数期（いずれも logarithmic phase あるいは log phase）という。なお前項で述べた世代時間や増殖速度定数は対数増殖期にのみ適用できるインデックスであることに注意しなければならない。

対数増殖期に微生物が増殖し続けると，やがて培地などの環境中の栄養素が不足し始め，また代謝に伴う老廃物が環境中に蓄積されるなど，環境条件は悪化して増殖は次第に緩慢となり，一部の細胞は死滅し始める。最終的には死滅する細胞数と増殖（分裂）する細胞数が均衡して見かけ上の生細胞数に変化はなくなるが，このような期を静止期あるいは停止期（いずれも stationary phase）という。

その後，環境条件の悪化はさらに進行して微生物は生命活動を維持することができなり，生細胞数は徐々に減少する。これを死滅期（death phase）という。

一般に微生物は死滅すると細胞壁が溶解して自己溶菌（autolysis）する。この現象は，分裂のさかんな細胞内では"不活性型"として存在する細胞壁溶解酵素が，細胞死を引き

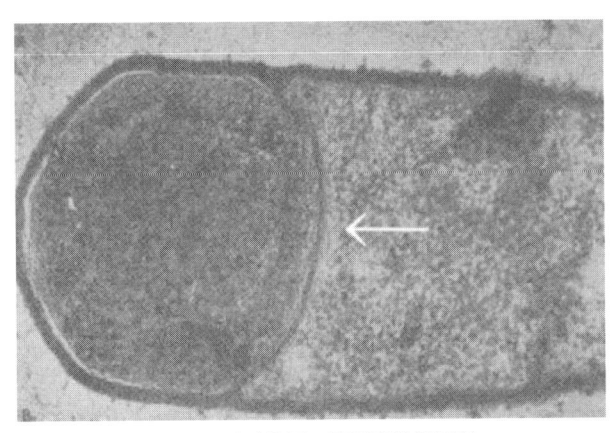

図 2.6 内生胞子の電子顕微鏡写真

内生胞子は栄養条件や温度条件などの環境の悪化とともに細胞内に前胞子として形成され，溶菌によって遊離胞子となる。環境が改善されると発芽して栄養細胞となる。したがって内生胞子は耐熱性や耐乾燥性に富むが栄養細胞にはこのような耐性はない。写真は *Bacillus subtilis* の内生胞子の電子顕微鏡写真。倍率 30,000 倍。

金として"活性型"に変換されることに起因する。

他方，*Bacillus* 属や *Clostridium* 属などの細菌類は，栄養物の枯渇や老廃物の蓄積などによって環境が悪化すると細胞内部に内生胞子[27]（あるいは芽胞ともいう：endospore）を形成して休眠状態となる。

内生胞子は，主として遺伝物質（DNA）のみを内容物として含み，その外側はワックスで被われた非常に強固な構造であり，耐熱性や耐乾燥性に優れているので休眠状態は数十年以上にわたって続く場合もある。なお環境が増殖に適する条件になると内生胞子は発芽して代謝活性をもつ栄養細胞[28]となる。

> [27] 内生胞子の状態となった細菌類は生物としてよりも粉体として取り扱うことができるので生物兵器として悪用される可能性もある。事実，わが国や米国で炭疽菌（*Bacillus anthracis*）内生胞子を用いて人命の殺傷を図った事件は記憶に新しい。
>
> [28] 内生胞子と区別するために通常の細胞を栄養細胞（vegetative cell）と呼ぶ。

先にもふれたが，内生胞子は環境に対する耐性機構あるいは休眠機構であり，糸状菌や酵母の有性胞子（1章および図 2.6）とは生理的意義や形成プロセスがまったく異なることに注意すべきである。

また，このような観点から内生胞子を形成する細菌類を有胞子細菌と呼んで，内生胞子を形成しない細菌と区別することもある。

さて図 2.5 に示す増殖曲線は，一般的に Monod（モノー）式で表現される。

$$\mu = \mu_{\max}\left(\frac{S}{Ks+S}\right) \tag{2-22}$$

ここで，μ_{max}：最大比増殖速度 (hr^{-1})，Ks：飽和定数，微生物の比増殖速度が最大値の 1/2 を示すときの基質濃度 (mg/L) である。

Monod 式は，直角双曲線型で形としては，Michaelis–Menten 式と同様である。しかし，飽和定数が必ずしも，基質と微生物の親和性を表すものではない。飽和定数の Ks と最大比増殖速度 μ_{max} は，Michaelis–Menten 式の場合と同様に，Lineweaver–Burk プロットなどの図解法で実験値から求められる。

この式で，$Ks \gg S$ では，

$$\mu = \mu_{max} \frac{S}{Ks} \tag{2-23}$$

すなわち，基質濃度が Ks よりもはるかに低い時は，μ と μ_{max} の関係は直線となる。
一方，$S \gg Ks$ では，

$$\mu = \mu_{max} \tag{2-24}$$

となる。Ks は，一般に mg/l オーダーであり，非常に低い。

また増殖連動型の微生物生産では，基質消費速度は増殖速度と関連する。すなわち，

$$\frac{dS}{dt} = \frac{1}{Y_{x/s}} \frac{dX}{dt} \tag{2-25}$$

式 (2-25) に，式 (2-16)，式 (2-19)，式 (2-20) を代入して整理すると，

$$\nu = \frac{1}{Y_{x/s}} \mu \tag{2-26}$$

さらに，式 (2-22) を代入すると，

$$\nu = \frac{\mu_{max}}{Y_{x/s}} \frac{S}{Ks + S} \tag{2-27}$$

となる。ここで，

$$\frac{\mu_{max}}{Y_{x/s}} = \nu_{max} \tag{2-28}$$

とおくと，

$$\nu = \nu_{max} \frac{S}{Ks + S} \tag{2-29}$$

となる。すなわち，比基質消費速度についても比増殖速度と同じ扱いとなる。

生産物生産速度は，同様に，増殖速度と関連し，

$$\frac{dP}{dt} = Y_{p/x} \frac{dX}{dt} \tag{2-30}$$

式 (2-19) を代入すると，

$$\frac{dP}{dt} = Y_{p/x} \mu X \tag{2-31}$$

すなわち，

$$\pi = Y_{p/x} \mu \tag{2-32}$$

図2.7　江戸時代の日本酒の生産
コウジカビ（*Aspergillus oryzae*）と蒸し米とを醸造桶の中で混ぜ合わせている様子が描かれている。作者不詳。東京農業大学醸造博物館所蔵。

となる。これは，比生産物生産速度は比増殖速度に比例することを意味する。

このようにして，増殖と基質消費，生産物生産の関連を解析できることになる。

2.4　培養と滅菌

わが国の代表的な微生物的物質生産法であるアルコール生産（清酒発酵）の歴史は，また雑菌汚染との戦いの歴史でもあった。すなわち伝統的に清酒の生産には開放系である醸造桶が用いられてきたので，清酒発酵を直接行う日本麹カビ（*Aspergillus oryzae*）ばかりではなく，清酒発酵には関与しない空中浮遊微生物も醸造桶に落下して増殖し，清酒の腐敗をもたらす原因ともなった[29]。

> [29]　かつては清酒生産に関与しない雑菌を"火落ち菌"といい，火落ち菌によって生産清酒の劣化がもたらされる現象を"火落ち"と呼んだ。

その後，第1章で述べたように自然界には多種類の微生物が混在することが認識され，またコッホ（R. Koch）が多種類の微生物の混合体から一種類の微生物のみを取り出す方法を開発してこのような雑菌汚染を防除することが可能となった。

現在は，物質の生産やその他の反応に微生物を利用する場合，はじめに自然界に存在する多種類の微生物群から反応に最適な微生物を選択して取り出し，次いで環境を調整してこの微生物を人為的に増殖させることが行われる。

前者の操作を微生物の単離（isolation）といい，後者を培養（cultureあるいはcultivation）という。また単離した単一種の微生物のみを培養することを純粋培養（pure culture）と呼び，反応に最適な複数種の微生物を混合して培養することを混合培養（mixed culture）と呼んで区別する場合もある。

通常，微生物は栄養素の混合物である培地を適当な形状の容器に入れて閉鎖系で培養される[30]。

図 2.8 坂口肩付フラスコ

フラスコ内に液体培地を入れて振盪すると内容物は矢印で示した"肩"によって激しく攪拌混合されて通気性が上昇し，他方，"首"まで液体培地を入れて静置すると空気との接触面積が少なくなって半嫌気環境で培養することもできる。発酵現象を科学的に体系化した坂口謹一郎博士によって考案された。

> 30) 培養に用いられる容器は特に通気性に配慮されているものが多い。例えば好気菌の小規模培養には，坂口謹一郎博士が通気性を増大させる目的で考案した"坂口肩付きフラスコ"が世界的に用いられ，また大規模培養には後に述べる"通気攪拌翼付きファーメンター"が用いられる。また嫌気菌の培養には空気との接触を遮断するような容器形状に工夫されている。

なお培地には栄養素を水に溶解した液体培地（liquid medium）と，液体培地にさらに寒天などを加えて固化させた固形培地（solid medium）があり，目的に応じて使い分けられている。

さらに培地成分や容器には，培養しようとする目的微生物以外の微生物（雑菌）が存在しているので，これらを除去しなければならない。このような微生物除去操作を滅菌（sterilization）という。

滅菌は微生物を致死的な物理的環境にさらすか，化学物質で処理して行われる。物理的方法のなかでは特に加熱する方法が一般的であり，滅菌する対象物を120℃に加熱した空気中に数時間保持するか（乾熱滅菌），高圧のもとで121℃の水蒸気中に数十分間保持して滅菌する（高圧蒸気滅菌あるいはオートクレーブ）。

加熱によって分解や変性をうける物質が溶解している溶液は，微生物の一般的なサイズよりも小さい孔径のフィルター[31]でろ過して滅菌する（ろ過滅菌）。さらにきわめて特殊な場合にはエチレンオキサイドのような有毒ガスで処理して滅菌する場合もある。

> 31) 微生物のサイズよりも小さい $0.45\,\mu m$ あるいは $0.2\,\mu m$ などの孔径のフィルターが市販されている。

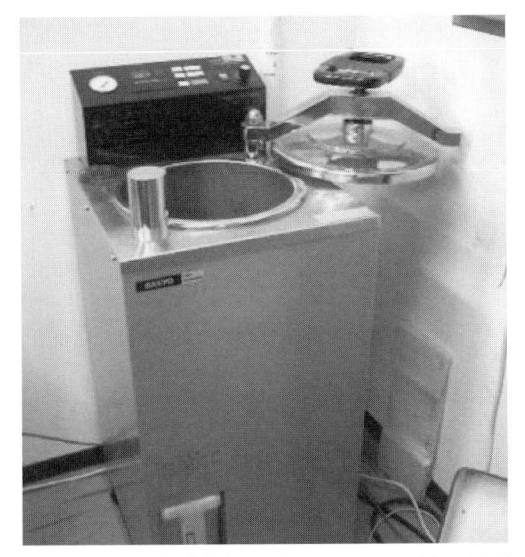

図 2.9　高圧蒸気滅菌装置（オートクレーブ）の概観
通常は 2 気圧程度の加圧下に 120℃ の水蒸気で 20 分間滅菌する。この条件下ではほとんどの微生物の栄養細胞が滅菌されるが，内生胞子の滅菌には不十分であり，また高温で変性する物質を含む培地の滅菌には適さない。

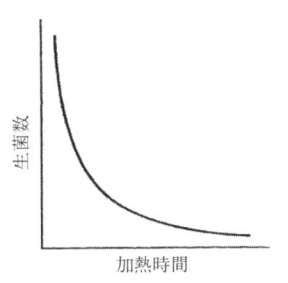

図 2.10　加熱による生存菌数の変化
加熱による微生物の死滅を算術的にプロットした。滅菌に要する実質的な時間を推定することができる。

　なお滅菌の同義語として殺菌（microcidal）という言葉が用いられることもある。滅菌や殺菌はいずれも微生物を殺す不可逆的な作用を意味するが，微生物の増殖は抑制されているだけであって抑制の原因を取り除くと再び微生物が増殖しはじめる効果あるいは作用を静菌（microstatic）という。

　また滅菌や殺菌あるいは静菌のすべて含めて抗菌（antimicrobe）という場合もある。しかし消毒（disinfection）は，化学薬品で人体や器具の表面を処理して非生物的付着汚染物質や微生物などのすべてを除去する操作を意味する用語であるから，これらを混同して用いてはならない。

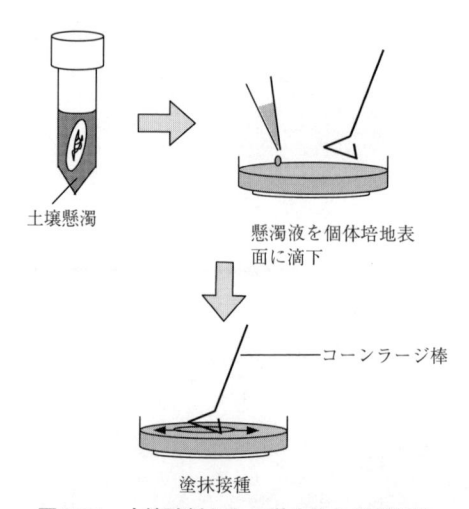

図 2.11　土壌試料からの微生物の単離操作
適当量の土壌試料を滅菌した生理的食塩水などで段階的に希釈した後，希釈液の一部をコーンラージ棒で固体培地表面に塗抹接種する。

2.5　微生物分離と培養の方法

　自然界からの有用微生物の単離（あるいは分離ともいう）については後の章で詳しく解説するので，ここでは有機物 A を原料として有機物 B を生産する微生物を例に目的微生物の単離と培養の方法について簡単に紹介するにとどめる。

　後の項で述べるように，通常，自然界で微生物は土壌中に最も多く存在するので，反応に最適な微生物の選択すなわち単離は土壌を出発材料として行われる。

　採取した土壌の少量（1 グラム程度）を高圧蒸気滅菌した純水[32]の滅菌水に懸濁した後，さらに滅菌水で段階的に希釈する。次いでその一部をペトリ皿に入れた固形培地の表面に塗抹接種[33]して適当な環境下で培養すると，1 個の微生物細胞は塗抹された培地表面の個所で細胞分裂を繰り返し肉眼で観察可能な大きさの菌集落（コロニー：colony）を形成する（図 2.11 および図 2.12）。すなわちひとつのコロニーは 1 個の細胞に由来するので，ひとつのコロニーは 1 種類の微生物に対応し，結局，肉眼では見えない多種類の微生物の混合体から 1 種類の微生物を肉眼で見えるコロニーとして分離することが可能となる。

> [32]　水に溶解している物質が微生物の増殖に影響を与えることを防ぐために単離や培養には純水が用いられる。

> [33]　微生物を他の環境や培地に移すことを接種（inoculation）という。

　次いで単離したそれぞれの微生物を適当な条件下に"原料 A"を含む培地で培養し，それぞれの単離微生物培養液中の"生産物 B"の量，収率，副生産物の有無やその量，あるいはそれぞれの微生物の増殖速度や毒性の有無などについて検討し目的に最適の微生物

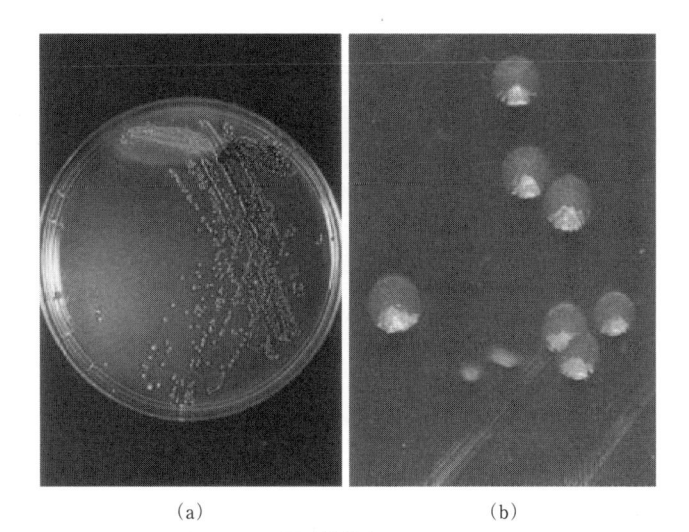

(a) (b)
図 2.12　固形培地表面のコロニー
写真は普通寒天培地表面の大腸菌（*Escherichia coli*）のコロニー。

を選択する[34]。

> [34]　各研究施設や企業では単離した微生物を独占するために微生物特許を出願してその微生物の実施権（これを独占的使用権という）を保護することが一般的である。ある微生物が特許されるためには生物化学的特性や形態が新規であることの他に特定の遺伝子塩基配列が固有であるなど，従来から知られている微生物とは別個の新種であることを証明しなければならない。微生物特許の概念は比較的新しいが，生物兵器のための微生物のように人類の福祉に寄与しない場合には特許化されないことは従来の特許概念と同じである。

　目的微生物の選定と単離のためには，さまざまな工夫がなされる。有機物 A を原料として有機物 B を生産しようとする場合，単に A を培地に添加するばかりではなく，有機物 A を栄養源として培養し A の分解や構造変換に関与する代謝活性（酵素）を誘導することも行われる。このような培養方法を集積培養（enrichment culture）という。

　また原料である A の分解や生産物である B の合成に関与する酵素の活性を遺伝子工学技術によって直接改変することも行われる。

　こうして単離した微生物の一部は凍結乾燥するかあるいは固形培地表面で培養して種菌（たねきん）として保存され，また一部は種菌培養（あるいは前培養ともいう，preculture）と呼ばれる小規模な培養を行って次の段階の使用に備える。

　種菌培養は，通常，数十から数百ミリリットルの規模で行われ，最も代謝活性が高く増殖のさかんな中期対数増殖期に培養液の一部を前培養槽から取りだして本培養液に接種する。本培養（主培養ともいう，main culture）は，前培養槽の数倍から数十倍の規模の主培養槽で行い，最終生産物である B の生産を行う。

　このように微生物を利用する場合，目的微生物の培養規模を段階的に増大させることが

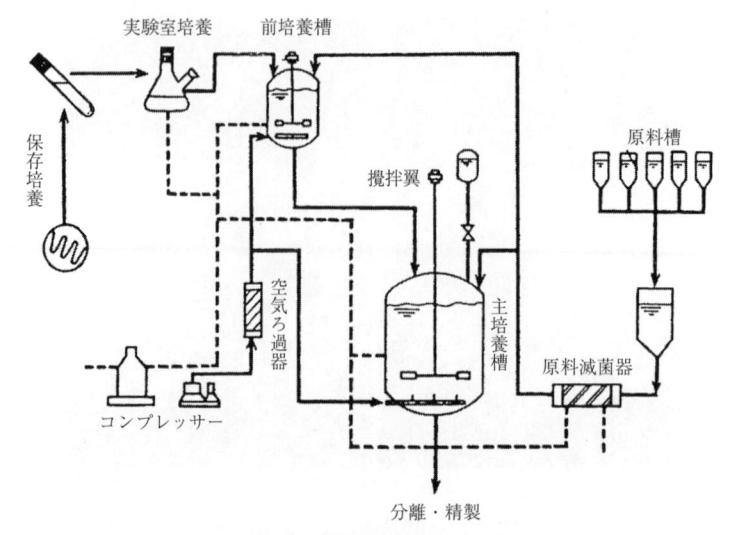

図 2.13 大規模な微生物反応のプロセスフロー

単離した微生物は小規模および中規模の種菌培養の後，培養規模を拡大して本培養される。工業的には本培養に用いられる主培養槽の pH や温度あるいは通気などの環境は自動制御されているのが一般的である。

図 2.14 火炎法による無菌操作

火炎の周囲にできる上昇気流を利用して空中を浮遊する微生物が液体培地の入ったフラスコ中に混入しないようにする無菌操作法。

一般的である。

2.6 回分培養と連続培養

　一般に微生物を利用する技術分野では，雑菌汚染を防止するための厳重な滅菌管理と無

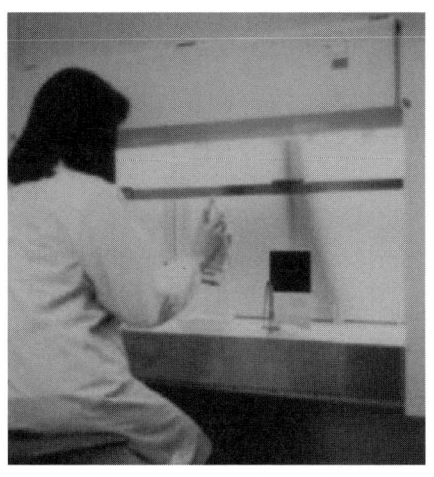

図 2.15 クリーンベンチを利用する無菌操作

クリーンベンチ内部は外部よりも陰圧になっているので，クリーンベンチ内で取り扱う微生物が外部に漏れ出すことはない。クリーンベンチ内にはガスバーナーが設置されているので火炎法による無菌操作を行い，また操作終了後は内部の殺菌紫外灯によって滅菌状態を保持する。写真は室蘭工業大学に設置されている P3 レベルのクリーンベンチ。

菌操作[35]が要求される。しかしそのほかに注意すべき事項の大部分は通常の化学技術と同様であり，例えば反応の規模は，実験室レベルのような小規模で基礎データを蓄積した後にそれに基づく中規模での試験，さらに大規模施設での運転へと，段階的に反応規模を拡大することは前にも述べた。

> 35) 滅菌後に雑菌が混入しないように操作すること。無菌操作を行うためには無菌室などの大がかりな施設やクリーンベンチなどの小規模機器などのさまざまな方法があり，無菌性の厳密度によって P1（phase 1）レベルから P4（phase 4）レベルに分類されている。通常は図 5.8 に示した火炎法（P1 レベルに相当）が，図 2.15 に示したクリーンベンチ法（P2 あるいは P3 レベルに相当）を用いることが多い。

小規模および中規模での微生物の培養は回分培養法（batch culture）で行われることが多いが，大規模な場合には連続培養法（continuous culture）で培養されることもある。

回分培養法では必要な栄養源や原料（培地）の全量を培養開始時に培養槽に入れ，培養終了時まで追加や取り出しを行わない。図 2.16 に回分培養法の典型的な培養経過を示したが，培養時間とともに主培養槽中の原料すなわち基質の減少と微生物細胞および生産物の蓄積が反比例的に変化する。すなわち回分法は微生物を取り巻く環境因子が時間的に変化する非定常的培養法である。

回分培養法の反応性は以下に述べる連続培養法に比べて必ずしも高くはないが，雑菌汚染に対する危険性が少ないことから単一の微生物種による物質の生産などに用いられることが多い。

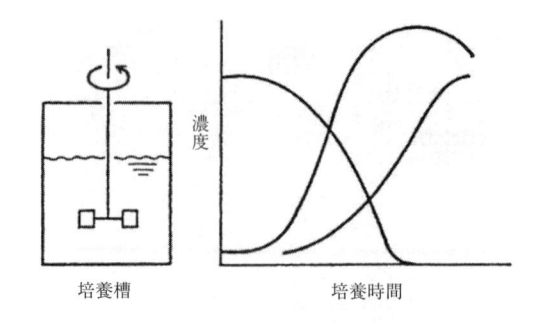

2.6 回分培養と連続培養

図2.16 回分培養と培養経過

回分培養は培養時間の経過に伴ってリアクター内の菌量および生産物濃度が増加し，基質（原料）濃度が減少する非定常的培養である。

なお回分培養が終了した培養液から菌体を分離し，その一部あるいは全部を主培養槽に返送し，新鮮培地を加えて次の回分培養を行う方法を反復回分培養という。この方法では2回目以降の前培養の必要がなく，また初期菌体濃度を高くして培養することができるので培養時間を短縮することができる。しかし同時に雑菌汚染の可能性も高くなり，後に述べる活性汚泥などの混合微生物系の反応には適するが，単一種の微生物の反応に用いられることは少ない。

他方，連続培養法は培養槽に一定量の培地を連続的に供給すると同時に，これと等量の培養液を取り出し，培養槽内の液量を一定に保ちながら長時間にわたって培養を続ける方法である。

図2.17に示すように，連続培養では培地の供給速度（F），ならびに培養槽内の微生物による培地の消費速度（S_{cons}）と培養槽からの培養液の取り出し速度（F′）との総和が等しければ（$F = S_{cons} + F′$），微生物細胞を取り巻く化学的環境は一定である。このような状態をケモスタット（chemostat）な状態といい，このような状態を作り出すことが連続培養法の基本原則である。

回分培養法あるいは連続培養法のいずれにおいても図2.18に示す通気攪拌型培養槽を用いることが多いが，培養の目的や微生物の特性によっては分散型培養槽（図2.19）が用いられる。

通気攪拌型培養槽の構造は一般的には縦型の円筒状であり，内部には空気挿入管や攪拌翼が付設されている。また内容液に乱流をもたらして通気性や攪拌性を増大する目的で槽の内壁には数枚の邪魔板が設置されている。空気はフィルターを通して除菌されて槽内に送入されるが，送入後に攪拌翼によって微粒子化された気泡となり，さらに邪魔板による乱液流と気泡滞留時間の増大によって培養液中への溶解が促進される。

通気攪拌型培養槽外部には槽の滅菌や培養温度調節のための加温ジャケットが付設されている場合が多い。また槽本体や付属配管は腐食や高温滅菌に耐えられるようにステンレス材で構成されており，培養に伴なう内圧の増加を考慮して耐圧構造になっている。

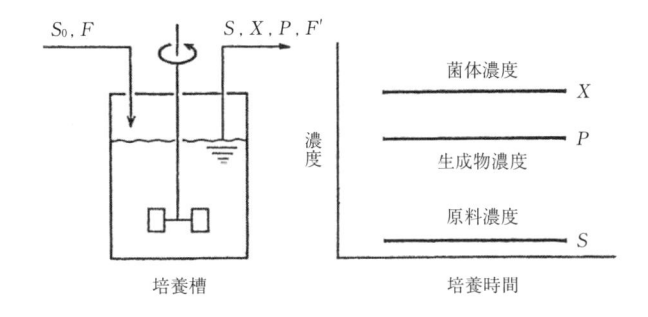

図 2.17 連続培養と時間経過

連続培養は培養時間が経過してもリアクター内の菌量，生産物濃度および培地（基質あるいは原料）濃度のいずれも変化しない定常的培養である。F：流入速度，S_0：流入培地（基質あるいは原料）濃度，F'：流出速度，S：リアクター内培地（基質あるいは原料）濃度および流出培地濃度，X：リアクター内菌体濃度および流出菌体濃度，P：リアクター内生産物濃度および流出生産物濃度。

図 2.18 通気攪拌型培養槽

(a) は通気攪拌型培養槽の外観を示し，(b) はその内部を示す。写真の培養槽は1本の回転軸に複数の翼を付けた多段型攪拌翼であるが，小規模の培養槽では翼が一つの単段型攪拌翼を用いることもある。また攪拌効率を向上させる目的で槽内部壁面に邪魔板を取り付ける場合もある。

　他方，分散型培養槽は機械的攪拌を行わずに槽底部に設置した空気分散板を通して気泡を供給し，同時に気泡の槽内上昇によって発生する循環流によって培養液を攪拌して気泡滞留時間の増大を図る。

　このように分散型培養槽は機械的攪拌を必要としないので消費電力などのエネルギー供給に要する経費を軽減することが可能であり，また構造が簡単であるので大型化が容易であるなどの利点をもつ。

　さらに分散型培養槽は，空気に代えて液体培地を分散板に供給すると培養層内を嫌気状

態に保つことが可能であるので，近年は嫌気微生物の培養に用いられることも多い．

例えば図 2.19 に示した分散型培養槽は UASB（upflow anaerobic sludge blanket：昇流式処理槽）と呼ばれる代表的嫌気リアクターである．このリアクターは槽下部に液体培地の分散供給装置を備え，また上部に気液分離装置（GSS：gas-solid separator）を備えた極めて単純な構造であるが，リアクター底面に均一に液体培地を分散供給して生じる槽内乱流によって槽内容物を攪拌し，嫌気培養を行うことができる．

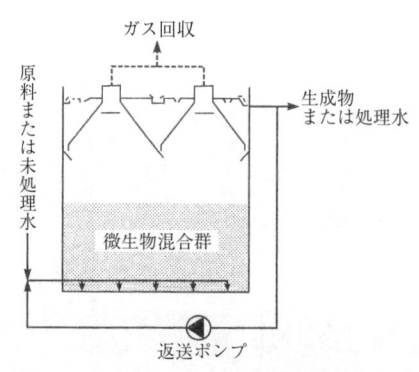

図 2.19　分散型嫌気培養槽
典型的な分散型嫌気培養槽（UASB型）を模式的に示した．槽下部の分散板から培地（または基質あるいは原料）を供給し，その際に生じる乱流で内容物を攪拌する．また分散板から空気を供給して好気培養槽としても使用することができる．

3

自然界の微生物と新奇微生物の探索

3.1 自然界の微生物

微生物は自然界のほとんどあらゆる場所に存在し，またその大きさ（サイズ）が小さいので環境の単位容積（あるいは単位重量）当たりに存在する細胞数もきわめて多く，さらには増殖が速やかで物質代謝活性が大きいことなどから自然環境中の物質循環に果たす役割は大きい。

環境の中でも土壌中や海洋あるいは湖沼のような水中には細菌や放線菌また糸状菌や酵母などのあらゆる種類の微生物が存在し，例えば通常の土壌 1 グラム中には 10^7 から 10^8 程度の細菌が存在するとも言われている。

次いで土壌中には 10^6 から 10^7 や程度の放線菌が存在するのが一般的である。放線菌はタンパク質やセルロースなどのさまざまな有機物を分解する活性が高く，これらの代謝産物は独特の匂いを発生する。すなわち有機物の代謝産物が豊富に存在する事実は土壌が植物に成長に必要な栄養素を多く含むことにほかならず，放線菌代謝産物の独特の匂いが"肥沃な土壌の匂い"と呼ばれる理由となっている。

また有機物代謝活性が高いことから，放線菌の中にはビタミン類や抗生物質などの生理活性物質を生産する菌種が多い。例えばストレプトマイシン（streptomycin）は *Streptomyces griseus* の培養液の中から見い出だされた抗生物質であり，またカナマイシン（kanamycin）は神奈川県の土壌から分離された放線菌の 1 種によって生産される薬剤（抗生物質）である。

土壌中の糸状菌類も有機物分解活性が高いが，放線菌とは異なって生理活性物質を生産する菌種は少なく，また多くの場合には胞子（2 章，図 2.6 参照）を形成しているので，その細胞数や種類を正確に知ることはむずかしい。

分裂菌類や糸状菌類に比べて土壌中に存在する酵母類は少ないが，ブドウ園などの果樹

表 3.1　1グラムの土壌中に存在する微生物の種類と量[1]

土壌	深さ(cm)	細菌	放線菌	糸状菌	酵母
		(いずれも×10^4)			
畑地	0〜20	2,000	300	20	20
	20〜50	100	20	5	2
水田	0〜20	10,000	300	10	50
	20〜50	200	50	1	1
腐葉土	0〜20	12,000	8,000	8	100
	20〜50	100	90	0.6	10

1) 2000年8月期に北海道富良野市において調査

表 3.2　放線菌が生産する生理活性物質の例

放線菌	代表的な生産物質
Streptomyces griseus	抗生物質（ストレプトマイシン），タンパク質分解酵素
Streptomyces venezuelae	抗生物質（クロラムフェニコール）
Streptomyces aureofaciens	抗生物質（テトラサイクリン），生理活性色素，多糖類分解酵素
Streptomyces kanamyceticus	抗生物質（カナマイシン）
Streptomyces kasugaensis	抗生物質（カスガマイシン）
Streptomyces olivaceus	ビタミンB類，脂質分解酵素

園の土壌には代表的酵母である *Saccharomyces* 属のほか *Candida* 属や *Rhodotorula* 属など比較的多種類の酵母が存在すると言われている。

3.2　自然環境中の窒素循環における微生物の役割

自然環境での窒素循環を図3.1に示した。大気中の分子状窒素（N_2）は，一般的には根粒菌[36]として知られる *Rhizobium* 属によって植物と共生的に，あるいは *Azotobacter* 属によって非共生的にアンモニア態に還元され[37]，あるいは有機窒素へ変換される。これを窒素固定（nitrogen fixation）という。

> [36] マメ科植物の根には窒素固定能をもつ細菌である *Rhizobium* 属が"瘤（こぶ）状"の膨らみを形成して存在することがあり，根粒菌と総称されている。どのマメ科植物にも同種の根粒菌が存在するわけではなく，宿主となる植物は *Rhizobium* 属の菌種によって異なる（宿主特異性）。

> [37] 根粒菌の場合のように微生物が空中窒素を固定して宿主植物が利用できる化合物に変換するとともに宿主植物から増殖の炭素源などの栄養を得る場合を"共生的窒素固定"といい，宿主から栄養物などの供給を受けない場合を"非共生的窒素固定"という。

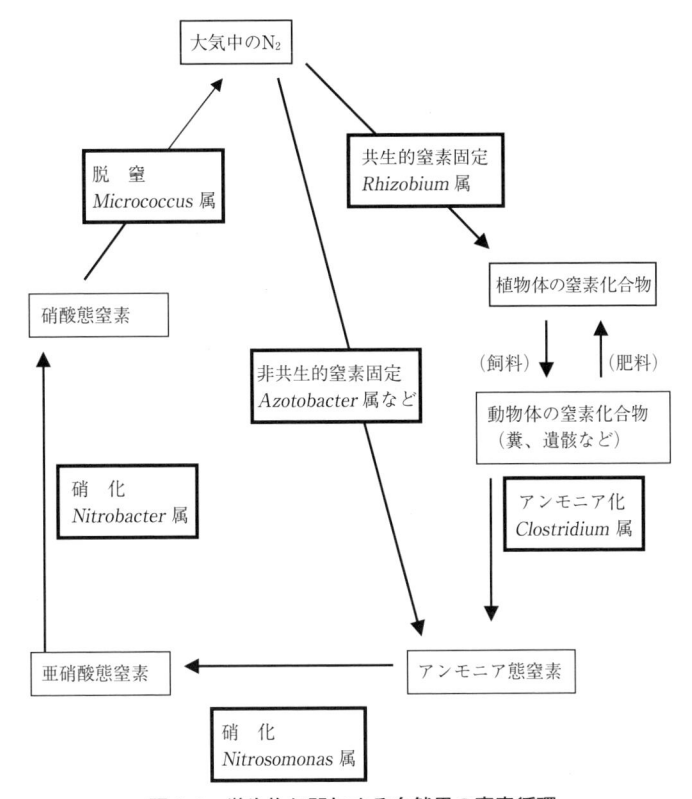

図 3.1 微生物が関与する自然界の窒素循環
微生物が関与する過程を太枠で囲み，また関与する代表的な微生物の属名を付記した。

さらに自然界でアンモニア態窒素は窒素固定ばかりではなく，生命活動を終えた動植物体や動物糞尿の微生物分解によっても大量に生産されて環境中に放出される。このような微生物分解に起因するアンモニア生成をアンモニア化成（ammonification）という。

窒素固定やアンモニア化成によって生成したアンモニア態窒素は微生物によって亜硝酸態窒素に酸化された後，硝酸態窒素となる。この反応を硝化反応（nitrification）と呼び，硝化作用をもつ菌群を硝化菌という[38]。

> 38) 詳しくはアンモニア態窒素の亜硝酸態窒素への酸化 式(3-1) は主として *Nitrosomonas* 属によって行われ，また亜硝酸態窒素の硝酸態窒素への酸化 式(3-2) は *Pseudomonas* 属や *Nitrobacter* 属が関与して進行する。

$$2NH_4^+ + 3O_2 \longrightarrow 2NO_2^- + 2H_2O + 4H^+ \quad (3\text{-}1)$$

$$2NO_2^- + O_2 \longrightarrow 2NO_3^- \quad (3\text{-}2)$$

両式をまとめるとアンモニア態窒素の硝化は以下のように表される。

$$2NH_4^+ + 4O_2 \longrightarrow 2NO_3^- + 2H_2O + 4H^+ \quad (3\text{-}3)$$

他方，亜硝酸態窒素あるいは硝酸態窒素は *Paracoccus* 属に代表される菌群によって式

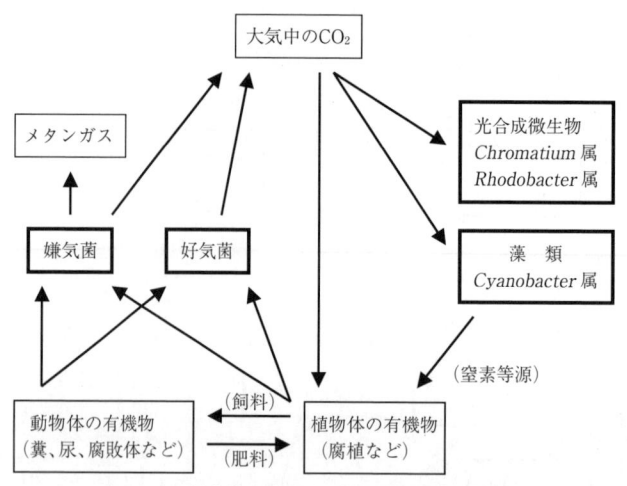

図 3.2　微生物が関与する自然界の炭素循環
微生物が関与する過程を太枠で囲み，また関与する代表的な微生物の属名を付記した。なお太枠中の"嫌気菌"や"好気菌"の具体的菌名については本文に記載した。

(3-4) あるいは式 (3-5) に従って窒素ガスにまで還元され，大気中に放出される。この反応を脱窒反応 (denitrification) と呼び，脱窒作用をもつ菌群を脱窒菌という。

$$2NO_2^- + 6H^+ \longrightarrow N_2 + 2H_2O + 2OH^- \tag{3-4}$$

$$2NO_3^- + 10H^+ \longrightarrow N_2 + 4H_2O + 2OH^- \tag{3-5}$$

3.3　自然環境中の炭素循環における微生物の役割

広く生物を構成するほとんどの有機物は，二酸化炭素と水を原料とする植物や微生物の光合成[39]に由来する。これらの有機物は好気環境下では動物の呼吸や微生物による酸化によって再び二酸化炭素にまで完全酸化されて大気中に放出されるが，嫌気環境下では完全酸化されずにさまざまな中間酸化物質が蓄積される。なお嫌気的な有機物の代謝機構については 2 章 2.1 などでもふれた。

> [39]　ラン藻類（*Cyanobacter* 属）や一部の硫黄酸化細菌類（*Chromatium* 属や *Rhodobacter* 属）は細胞内に葉緑素をもち，光合成をおこなう。

したがって近年の環境保全や省エネルギーさらには廃棄物資源化の社会的傾向から，最近は嫌気的有機物処理による有用物質の回収が研究されている。

他方，一部の酵母類や分裂菌類の中には飽和あるいは不飽和の直鎖状炭化水素や環状炭化水素ならびに芳香族炭化水素を唯一の炭素源として増殖できる炭化水素資化菌の菌種が存在する[40]。

> [40]　酵母類では *Candida* 属がよく知られており，また分裂菌類では細菌の *Pseudomonas* 属や放線菌の 1 種である *Mycobacterium* 属について応用も含めて研究されている。なおこれらの微生物による環境保全ついては以前の

> 章でもふれた。

例えば飽和脂肪族炭化水素の資化[41]は，オキシゲナーゼ（酸素添加酵素，oxygenase）によって分子状の酸素が基質に付加された後，以下の反応に従って脂肪酸にまで酸化され，さらに脂肪酸の β 酸化[42]によって酢酸を生じる。なお下記式（3-6）から式（3-10）における酸化還元反応の電子受容体あるいは電子供与体の詳細は一般生化学教科書の説明に委ねるが，通常は NAD^+（電子受容体，酸化型ニコチンアミドジヌクレオチド：nicotinamide dinucleotide），$NADH^+$（電子供与体，還元型ニコチンアミドジヌクレオチド）あるいは $NADP^+$（電子受容体，酸化型ニコチンアミドジヌクレオチドリン酸：nicotinamide dinucleotide phosphate），NADPH（電子供与体，還元型ニコチンアミドジヌクレオチドリン酸）を利用して反応は進行する。

> [41] 1章の脚注6）を参照。

> [42] 式（3-9）に示すように，脂肪酸のカルボキシル基から β 位のメチル基が酸化されて，もとの脂肪酸より炭素数がふたつ少ない脂肪酸と酢酸が生成する反応を β 酸化という。

$$R \cdot (CH_2)_n \cdot CH_2 \cdot CH_3 + O_2 + 2H^+ \longrightarrow R \cdot (CH_2)_n \cdot CH_2 \cdot \overset{OH}{\underset{|}{C}}H_2 + H_2O \tag{3-6}$$

$$R \cdot (CH_2)_n \cdot CH_2 \cdot \overset{OH}{\underset{|}{C}}H_2 - 2H^+ \longrightarrow R \cdot (CH_2)_n \cdot CH_2 \cdot \overset{O}{\underset{\|}{C}}H \tag{3-7}$$

$$R \cdot (CH_2)_n \cdot CH_2 \cdot \overset{O}{\underset{\|}{C}}H + H_2O \longrightarrow R \cdot (CH_2)_n \cdot CH_2 \cdot \overset{O}{\underset{\|}{C}}OH + 2H^+ \tag{3-8}$$

$$R \cdot (CH_2)_n \cdot CH_2 \cdot \overset{O}{\underset{\|}{C}}OH + 2H^+ \longrightarrow R \cdot (CH_2)_{n-1} \cdot CH_3 + CH_3COOH \tag{3-9}$$

$$R \cdot (CH_2)_{n-1} \cdot CH_3 \longrightarrow 式(3-6)からの繰り返し \tag{3-10}$$

3.4 自然環境中の硫黄循環における微生物の役割

土壌中に最も多量に存在する元素である硫黄の循環にも微生物は深く関与している。生物細胞内で硫黄はシステインやメチオニンなどの含硫アミノ酸やその他の有機硫黄化合物として存在するが，生物が死滅するとこれらの化合物は無機硫酸塩となって環境中へ放出される。

他方，土壌中には *Desulfovibrio* 属などの多種類の硫酸還元菌と総称される嫌気菌が普遍的に存在するが，これら硫酸還元菌は嫌気条件下で硫酸還元酵素の作用によってエネルギー代謝的に硫酸塩を還元して亜硫酸塩を生成し，さらにほとんどの硫酸還元菌の菌種は亜硫酸還元酵素の関与によって亜硫酸塩をトリチオン酸やチオ硫酸に還元して最終的には硫化水素を生成する。なお硫化鉄や硫化銅などの硫化金属鉱床は，硫酸還元菌が生成した

表 3.3 *Mycobacterium* 属の n-脂肪族炭化水素資化性

Mycobacterium 属種株		優先的に資化できる炭化水素の鎖長
Mycobacterium phlei	A 株	C_6, C_{10}〜C_{16}
	B 株	C_4〜C_6, C_{10}〜C_{16}
	C 株	C_8〜C_{24}
	D 株	C_2〜C_6, C_{10}〜C_{20}
Mycobacterium smegmatis	A 株	C_{10}〜C_{18}（分岐鎖を含む）
	B 株	C_2〜C_{10}, C_{14}〜C_{18}
	C 株	C_6, C_{10}〜C_{12}
	D 株	C_{10}〜C_{16}

A，B，CあるいはDの表記は具体的な菌株名ではなく，単に区別するために使用した．なお表は1986年から1996年にわたって菊池らが分離し保存した菌株を用いて行った実験結果である．

硫化水素とこれらの金属イオンとの反応によって形成されたと考えられている．

$$SO_4^{2-} \rightarrow SO_3^{2-} \rightarrow S_3O_6^{2-} \rightarrow S_2O_3^{2-} \rightarrow S_2^{-} \rightarrow H_2S \tag{3-11}$$

さらに硫化水素は *Thiobacillus* 属などの硫黄酸化細菌によって単体の硫黄にまで酸化される．硫黄鉱床は，これらの硫黄酸化細菌によって生じた硫黄が大量に蓄積して形成されたものが多い．

また硫黄酸化細菌と鉄酸化細菌[43]のような鉱山の鉱内水のような特殊環境下で生育している細菌を利用して鉱石に含まれている有用金属を溶出して回収するバクテリアリーチングと呼ばれる方法も実用化されている．バクテリアリーチングは微生物採鉱法とも呼ばれる．以下に硫化物から銅および鉄の溶出を例にバクテリアリーチングについて説明する．すなわち黄鉄鉱（FeS_2）は酸素と水の存在下で徐々に酸化されて硫酸第一鉄（$FeSO_4$）を生成する．

> [43] 2価鉄を3価鉄に酸化して増殖する細菌を鉄酸化細菌と総称しているが，純粋培養に成功している菌種は少ない．いくつかの種ではマンガンの化合物も酸化する．なお鉄酸化細菌に特徴的な菌鞘の写真を図1.6に示した．

$$2FeS_2 + 7H_2O \longrightarrow 2FeSO_4 + 2H_2SO_4 \tag{3-12}$$

生成された硫酸第一鉄は鉄酸化細菌によって酸化されて硫酸第二鉄となる．

$$4FeSO_4 + 2H_2SO_4 + O_2 \longrightarrow 2Fe_2(SO_4)_3 + 2H_2O \tag{3-13}$$

ここで生成する硫酸第二鉄は式 (3-14)，式 (3-15) あるいは式 (3-16) に従って，それぞれ黄銅鉱（$CuFeS_2$），輝銅鉱（Cu_2S），あるいは銅らん（CuS）などの硫化鉱物中の銅を，硫酸銅として溶出する．

$$CuFeS_2 + 2Fe_2(SO_4)_3 \longrightarrow CuSO_4 + 5FeSO_4 + 2S \tag{3-14}$$

$$CuS + Fe_2(SO_4)_3 \longrightarrow CuSO_4 + 3FeSO_4 + CuS \tag{3-15}$$

$$CuS + Fe_2(SO_4)_3 \longrightarrow CuSO_4 + 2FeSO_4 + S \tag{3-16}$$

また硫酸第二鉄は黄鉄鉱と反応して硫酸第一鉄と硫酸を生成する．

$$FeS_2 + 7Fe_2(SO_4)_3 + 8H_2O \longrightarrow 15FeSO_4 + 8H_2SO_4 \qquad (3\text{-}17)$$

$$FeS_2 + Fe_2(SO_4)_3 \longrightarrow 3FeSO_4 + 2S \qquad (3\text{-}18)$$

式 (3-14) から式 (3-18) の反応で生成する硫酸第一鉄は鉄酸化細菌によって式 (3-13) に従って硫酸第二鉄となって式 (3-14) から式 (3-16) の反応に使われる。

また式 (3-14), 式 (3-16) および式 (3-18) で生成する硫黄は硫黄酸化細菌によって硫酸となり, 式 (3-13) の反応で溶出作用に関与する。

$$2S + 3O_2 + 2H_2O \longrightarrow 2H_2SO_4 \qquad (3\text{-}19)$$

となって式 (3-13) の反応で溶出作用に関与する。このような反応が繰り返されて溶出反応は進行する。なお式 (3-14), 式 (3-15) および式 (3-16) で生成する硫酸銅はイオン化傾向の差によって鉄と置換し, 沈殿銅として回収される。

$$Fe + CuSO_4 \longrightarrow FeSO_4 + Cu \qquad (3\text{-}20)$$

3.5 自然界からの新奇微生物の探索と分離

このように自然界の中には多種多数の微生物集団が存在するが, こうした微生物集団をミクロフローラ (あるいは単にフローラ) と呼ぶ。

ところで今日, 私たちは自然界のフローラを構成する微生物のどれだけを知っているのだろうか。正確な数字は誰にもわからないが, 例えば地球上の海洋や河川, あるいは湖沼などの水圏を考えると, 私たちが知っている微生物種は全微生物の 1% から数% に過ぎず, 残りの大部分は分類学的に未知の微生物種であるという説が有力である。

また単細胞性である微生物の遺伝子は, 環境変動に適応して比較的容易に変異し, あるいは一部の遺伝子は切れて他種の微生物の遺伝子へ導入されて組み込まれるケース (これを遺伝子の水平移動ともいう) もしばしば発生する。このため分類学上は従来種と同一ではあるが, 従来種にはない新しい生理活性を持つ微生物に変異している場合も多い。

本章では, これら全ての変異の結果として新たな特性を獲得した微生物を新奇微生物[44]と呼ぶこととする。

> 44) 新たな特性をもつ微生物は novel microorganisms と呼ばれ,「新奇微生物」あるいは「新規微生物」の訳語が当てはめられているが, これらの訳語表記の違いは明確な差異に基づくものではない。本章では "新奇" の表記を採用する。

さてヒトは 20 世紀中に地球表面のほとんどの地域と動植物を調査し尽くしたといっても過言ではなく, わずかに残された未到の熱帯雨林, 高地, あるいは極地などを探索しても新奇の高等動植物に遭遇する可能性はきわめて低いであろう。

一方, ミクロの世界に目を向けると, 私達が極地や深海などの特別な場所へ行かずとも日常生活で接する場所, 例えば都市河川や海岸あるいは排水路などでも新奇微生物と遭遇する確率はかなり高く, またそのような新奇微生物の中には今日まで知られていなかった

有用な生理活性をもち，産業的な有効利用が可能な微生物が存在することも十分に期待される。

本項では自然界，特に私達の身近な水圏からの新奇微生物[44]の探索を想定し，そのための基礎的な実験手法を概説する。

(1) 研究についての調査や計画

実際に探索作業を始める前に，微生物の探索目的を明確に設定し，目的に応じた採取地点（海，河川，湖沼などの特定箇所）と採取物（水，底泥，水生動植物などの試料）の種類や量に関する計画を立てなければならない。

さらに文献や成書などから，過去の類似研究の進展状況や目的微生物に類似する微生物が過去に分離されているか否かを調査することも重要である。また結果として有用な新奇微生物が発見された場合に備え，私達の生活をより良いものとするための利用方法や産業上で活用態様についても検討するも必要である。

(2) 試料採取の準備

微生物を分離する場合には，目的微生物以外の微生物による汚染や混入（コンタミネーション）を防ぐために，使用する器具，培地，および試薬などを滅菌して無菌状態としなければならない。

滅菌は加熱による方法が一般的であり，通常，培地などの水溶液を滅菌する場合には水分の蒸発を防止する目的から高温高圧滅菌装置（オートクレーブ）を使用し，高圧下に121℃で15〜20分の間，水蒸気で加熱する（2章2.4および図2.9など参照）。

他方，第2章2.3でも述べた内生胞子は100℃以上の高温でも完全に死滅させることは困難であるので，ガラスやステンレスなどの耐熱性器具の場合は乾熱滅菌器を用いて150〜200℃で1時間程度高温加熱して滅菌する。

さらに培地や試薬などの中には100℃以上の高温では容易に変性するものも多いので，ろ過滅菌する場合もある。

ろ過滅菌方法の一例を図3.3に示す。針を装着していない注射筒に，滅菌しようとする試料液を吸い上げた後，注射筒にメンブランフィルターユニット（微生物が通過しない孔径（0.2〜0.45μm）のガス滅菌済フィルターが挿入されている製品が市販されている，脚注29）参照）を装着する。注射筒のシリンジを押し，ろ液をあらかじめ滅菌しておいた容器内へ注入する。微生物はフィルター上でろ過，捕集されるので，容器内の試料液は無菌状態である。

試料を採取するための容器として特別な器具はないが，加熱滅菌が可能であり，また採取試料を入れた後も密閉して無菌状態を維持できるガラスやプラスチック製の容器を使用するのが便利である。

(3) 試料の採取

実際に試料を採取する場合にも，試料の二次的な雑菌汚染が起きないように外部から隔離して行う必要があることは上にも述べた通りである。

図 3.3　ろ過滅菌

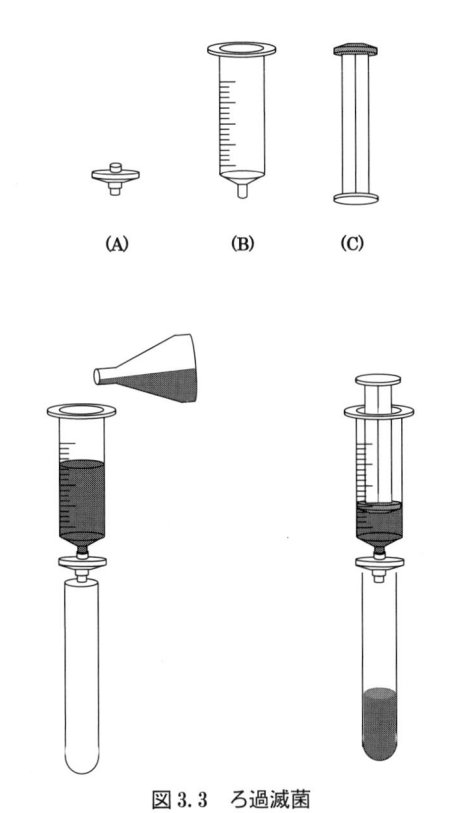

高圧蒸気滅菌（オートクレーブ）や乾熱滅菌などの加熱滅菌によって分解あるいは変性する物質はメンブランフィルターでろ過して滅菌する。ろ液を受ける滅菌済み容器と，市販の孔径 0.45 μm 程度のメンブランフィルターを組み込んだメンブランフィルターユニット（A）ならびに滅菌シリンジ（B）を用意し，これらを図のようにセットした後に滅菌しようとする試料液をシリンジに注入する。最後にシリンジのピストン（C）をおして無菌ろ液を容器に得るが，これらの一連の操作はクリーンベンチ内などで無菌的に実施されなければならない。

　また環境と微生物との関わりを十分に考慮し，目的微生物が自然界のどのような環境下に生息している可能性が最も高いかを推測して採取場所と採取ポイントを設定する。さらにひとつの採取ポイントだけからの試料採取で目的微生物が入手できるとは限らないので，数ポイントから数十ポイントから試料を採取することが一般的である。

　水圏試料の採取の場合，あらかじめ滅菌しておいた 1～5 リットル容の容器を採取ポイントの水中に沈めて容器内にサンプル水を満たし，蓋を閉じて採取を完了する。手を伸ばした状態で採取活動ができるポイントが理想的であるが，採取ポイントが海洋の比較的深部である場合などには，容器に綱と重しを装着するなどの工夫が必要である。また上でも述べたように，採取活動は数十ポイントに及ぶ場合もあるので，さまざまなケースに対応できる容器を携帯する。

　採取したサンプル水は冷却バッグに入れるなどして，速やかに実験室などの培養可能な施設に持ち帰る。容器内の試料水のフローラは刻々と変異して行く可能性も高く，また時間を経るほど目的微生物が死滅する危険性も高くなるので，持ち帰った試料水はあらかじ

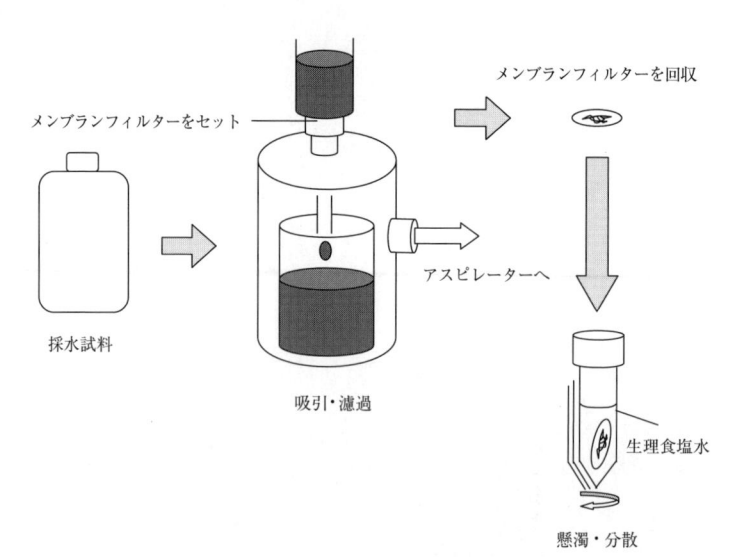

図 3.4　微生物の濃縮装置

微生物を濃縮するためにはさまざまなタイプの濃縮装置が考案されているが，図に示す型の装置が最も一般的である。微生物懸濁試料水を，アルゴンなどの不活性ガスで加圧するかあるいはアスピレーターで吸引してメンブランフィルター上に微生物を捕集した後，フィルターを適当量の滅菌水中に浸して捕集微生物をフィルターから遊離させ，滅菌水に分散させる。なおろ過滅菌の場合と同様に孔径 0.45 μm 程度のメンブランフィルターを用いる。

め調製しておいた培地に直ちに接種し，培養しなければならない。

　しかし採取した試料水中の目的微生物が低濃度であり，試料水をそのまま培地に接種しても目的微生物の分離が困難である場合も予想される。そのような場合には，微生物濃度を高める操作（濃縮）が必要である。

　図3.4に微生物濃縮装置の一例を示す。特に採取試料が水系の場合には上に述べたメンブランフィルターでろ過し，フィルター表面に微生物を捕集する。次いで，このフィルターを少量の無菌水[45]に浸して激しく撹拌して微生物を水中に分散させると，結果的に微生物濃度を高めることができる。

> [45]　海水から微生物を分離しようとする場合には滅菌海水を用い，あるいは河川水から微生物を分離しようとする場合には滅菌河川水を用いるなど，同一，同質の環境水が望ましい。なお滅菌海水の使用が困難な場合は3％（w/v）（河川水の海洋への流入箇所のような汽水域では1〜2％（w/v））となるように塩化ナトリウムを添加する。

　逆に試料中の微生物濃度が過剰に高いと予想される場合には，図3.5に示す微生物希釈操作を行う。

　高圧蒸気滅菌した生理食塩水（0.9％（w/v）塩化ナトリウム水溶液）を，滅菌したピペットを用いてあらかじめ乾熱滅菌したキャップ付試験管に9ミリリットルずつ分注する。
　次いで滅菌したマイクロピペットを用いてキャップ付試験管1本当たり1ミリリットルの試料水（採取試料の懸濁液など）を加えて混和すると，微生物濃度は当初濃度に比べて

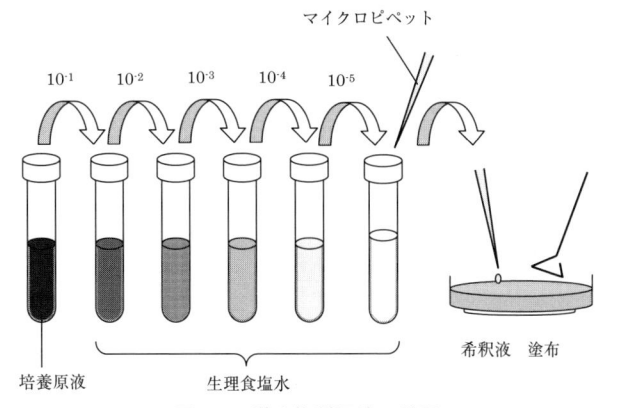

図 3.5　微生物懸濁液の希釈

微生物懸濁液の希釈は，2章で述べた土壌試料などからの微生物の単離操作（2章2.5項や図2.11）と同様に行われる。

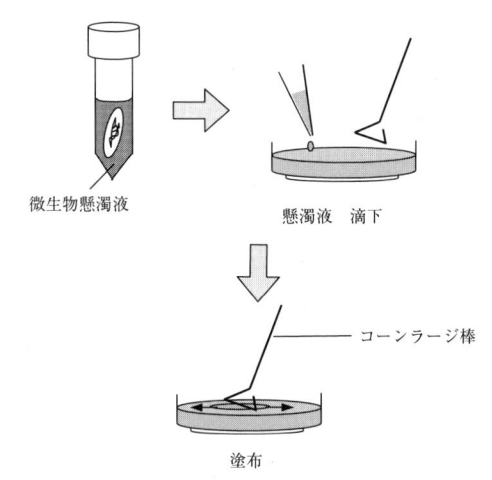

図 3.6　コーンラージ棒による固体培地表面への微生物接種

10倍希釈される。その後，同様に操作して段階的希釈液を調整する。なお微生物希釈法については2章2.5項や図2.11でもふれた。

図3.6にコーンラージ棒を用いる固体培地への微生物接種方法を示した。シャーレ1枚当たり100マイクロリットル程度の試料水（あるいは濃縮試料水，または希釈試料水）をマイクロピペットを用いて固体培地上に滴下し，ただちにコーンラージ棒で固体培地の上を軽く回転するようにしながら[46]固体培地表面に塗布した[47]後に培養に供する。

> 46) 操作の利便性を考えて，シャーレを"ターン・テーブル"と呼ばれる回転台の上に乗せて作業することも行われる。

> 47) このような接種を塗抹接種という。

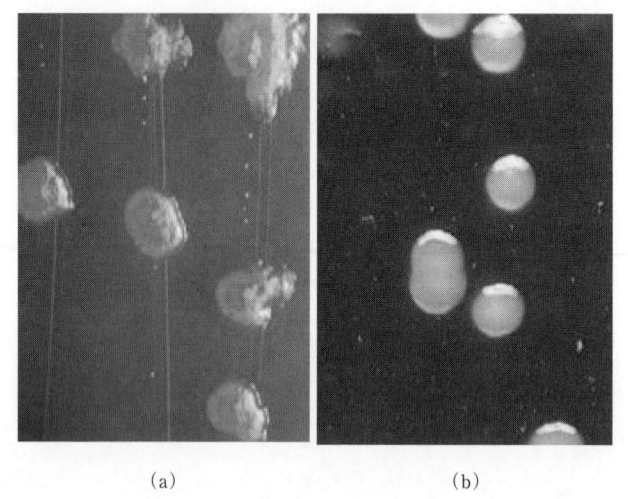

3.5 自然界からの新奇微生物の探索と分離

(a)　　　　　　　　　(b)

図 3.7　固体培地表面のコロニー

2章で述べたように，ひとつのコロニーは1種類微生物の細胞の集塊であるので，それぞれのコロニーは色や光沢あるいは周縁部などに特有の性質を示す。写真 (a) は *Klebsiella pneumoniae* のコロニーであるが，光沢があり周縁部が不明瞭なコロニーを形成する。また写真 (b) は *Corynebacterium bacteroides* のコロニーであるが，コロニー周縁部は明瞭である。なお固体培地表面のコロニー全体像は図 2.12 に示した。

図 3.7 に固体培地表面での微生物の増殖の様子を示した。コーンラージ棒で試料水を固体培地表面に塗布すると，試料水中の微生物は1細胞ずつに分散して培地表面に存在することとなる。微生物は培地中から適度な水分と栄養分を吸収し増殖を開始するので，初めは肉眼で観察することができなかったひとつの細胞も，培養に伴って細胞分裂を繰り返し，培養時間が経過すると $10^6 \sim 10^9$ 細胞もの数からなる細胞塊を形成し，肉眼での観察が可能となる。この微生物細胞塊をコロニー（微生物集落）という。

微生物の種類によってコロニーはさまざま外観（色や形[48]）を呈するので，コロニーの観察からも微生物をある程度まで区別することが可能である。

また，ひとつのコロニーは微生物1細胞に由来するので，それぞれのコロニーを構成する微生物種は1種類である。したがって白金線や滅菌した爪楊枝などを用いてひとつのコロニーから微生物を書き取ることで一種類の微生物だけを分離することができる[49]。

しかし微生物の種類によっては複数のコロニーが重なり合って，見掛け上，ひとつのコロニーのように観察される場合がある。したがって一般的には1回の釣菌のみではなく，釣菌と固体培地への接種，およびコロニー形成の操作を数回にわたって繰り返して純粋分離[50]を行なうことが必要な場合もある。

次いで培養後の培地に増殖したコロニーの中から，自分の目的に適った特定の微生物を選抜して純粋培養[51]し，その微生物が目的に適った生理活性能を持っているか否かを検定する。

48) 微生物の中には色素を生産する種類があり，またコロニー周縁が滑らか

となる微生物種や，カビのように周縁に切れ込みが多い微生物種が存在する。

49) このような操作を"釣菌"という。

50) 多種類の微生物混合物から特定の微生物種を取り出すことを純粋分離という。

51) その微生物種だけを純粋に選択培養することを純粋培養という。

なお微生物の取り扱いは無菌操作下に行う必要がある。2章でも述べたように，無菌操作はガスバーナーなどの火炎を利用して行う方法と，クリーンベンチを用いて行う方法とがあるが，いずれの方法も操作室内を清潔に保つとともに空気の流れを極力抑えることが必要であり，また操作を始める前に消毒用アルコール（70%（v/v）エタノール水溶液）で作業台や手指を清拭しておくことが必要である。

特に室内の空気の流れを抑えることが困難であったり，操作が未熟な場合には，クリーンベンチによる作業が適当である（2章，図 2.15）。クリーンベンチは，紫外線殺菌装置，ガスバーナー，エアカーテン（外部空気と内部空気を遮断する通風装置），ヘパフィルター（空気清浄用フィルター）を装備した無菌操作機器であり，作業時の微生物の拡散を防ぐことができるとともに，外部からの雑菌汚染をも防ぐことができるので一般微生物をはじめ病原性をもつ微生物の取り扱いにも適している。

(4) 培地の調製と培養

次に培地の調製と培養法についても簡単にふれておく。一般に微生物は，増殖のために有機物源（炭素，窒素，ビタミン類など）および無機物源（無機塩類，水分など）を必要とすることは1章でも述べたが，増殖のためにさまざまな栄養素を要求する微生物は従属栄養微生物と総称される。

他方，独立栄養微生物と呼ばれる一群の微生物は，有機物源を体内で合成することができるので外部からは無機物源のみを要求する。光合成微生物は代表的な独立栄養微生物である。

本項では従属栄養微生物を中心に解説するが，探索目的の微生物が独立栄養微生物であるのか，あるいは従属栄養微生物であるのかをあらかじめ推測しておくなら，探索と分離を効率的に行うことも可能である。

表 3.4 に従属栄養微生物の増殖に一般的に用いられる基本培地の組成を示した。基本培地は，微生物の増殖に必要な最少の栄養分のみから成る最少培地と，微生物の増殖のために十分に豊富な栄養分を含む完全培地の2種類に大別され，目的に応じて使いわけられる。例えば，ある特定の有機化合物（有機物 A）の資化能[52]をもつ微生物を分離したい場合，唯一の炭素源として有機物 A を最小培地に添加して選択培地として用いる。

表 3.4 培地組成

大腸菌用基本培地（L 培地：Lennox 培地）

Bacto-Tryptone	10 g
Bacto-Yeast extract	5 g
NaCl	5 g
D-Gulcose	1 g
Distilled water	1000 ml
pH 7.2	

大腸菌用最少培地（Davis 培地）

K_2HPO_4	7 g
KH_2PO_4	2 g
$MgSO_4 \cdot 7H_2O$	0.1 g
$(NH_4)_2SO_4$	1 g
クエン酸ナトリウム $2H_2O$	0.5 g
D-Gulcose	2 g
Distilled water	1000 ml
(Agar)	20 g

※ $MgSO_4 \cdot 7H_2O$ を除く他の無機塩を 400 ml の水に，寒天 20 g を別の 500 ml の水に加えてそれぞれ滅菌する．Gulcose は 20% 溶液を別に滅菌しその 10 ml を使用する．各滅菌したものを平板に流し込む直前に混合し，溶融寒天をよく分散した後無菌水で 1000 ml とする．必要な場合は次の添加物を加える．チアミン（1% 液）：0.5 ml，アミノ酸：10 ml，抗生物質：2 ml

酵母用培地（YPD 培地）

Bacto-Yeast extract	20 g
Peptone	20 g
D-Gulcose	10 g
Distilled water	1000 ml
(Agar)	20 g

酵母用最少培地（YNB 培地）

窒素源	1.5～3.5 g
$(NH_4)_2SO_4$	
L-Asparagine	
炭素源	10 g
D-Gulcose	
アミノ酸類	10～20 mg
L-Histidine	
DL-Methionine	
DL-tryptophan	
ビタミン類	2 μg～2 mg
p-Aminobenzoic acid	
Biotin	
Folic acid	
myo-inositol	
Nicotinic acid	
Pantothenate (Ca)	
Pyridoxine HCl	
Riboflavin	
Thiamin HCl	
ミネラル類	40～500 μg
H_3BO_3	
$CuSO_4 \cdot 5H_2O$	
KI	
$FeCl_3 \cdot 6H_2O$	
$MnSO_4 \cdot 4H_2O$	
$Na_2MoO_4 \cdot 2H_2O$	
$ZnSO_4 \cdot 7H_2O$	
塩類	100～850 mg
KH_2SO_4	
K_2HPO_4	
$MgSO_4 \cdot 7H_2O$	
NaCl	
$CaCl_2 \cdot 6H_2O$	
Distilled water	1000 ml
(Agar)	20 g

52) 1章の脚注4）を参照。

　なお液体培地の調製は，培地を三角フラスコや試験管に入れた後に容器ごと培地を高圧蒸気滅菌し，また固体培地の調製は1.5〜2.0%（w/v）の濃度となるように寒天を液体培地に添加して高圧蒸気滅菌した後，あらかじめ滅菌しておいたシャーレなどに分注して行う。

　このように目的にあわせて調製した培地における微生物の増殖は，外部環境条件によって大きく支配される。特に温度やpHなどは重要な因子である。したがって試料を採取する場合には，温度計やpH試験紙を携帯して試料採取場所の温度やpHなどの環境値を計測し，その後の培養の際にはこれらの計測値を参照して試料採取場所の環境と同等とすることも必要である。

　温度やpHなどとともに，特に注意しなければならない環境因子は酸素分圧である。一般に，微生物は増殖に酸素を必要とする好気性菌と，酸素を必要とせずむしろ無酸素環境で良好に増殖する嫌気性菌に大別されることは2章で述べた。

　好気性菌の培養は比較的容易であるが，嫌気性菌の培養には嫌気環境を作り出す装置（嫌気培養装置）が必要である。嫌気環境の創出は，嫌気培養装置内を化学試薬で脱酸素するか，装置内気相を窒素やアルゴンあるいは二酸化炭素などで置換する。図3.8（a）に嫌気培養装置の一例を示した。

　フラスコや試験管を培養容器として好気性菌を培養する場合には，容器内への空気の流通が可能な綿栓やシリコ栓を用いる。また，これらを培養容器として液体培地で培養する場合には振盪培養して空気との接触効率を向上させる。図3.8（b）に好気性菌の液体培養法を示した。

　なおシャーレを培養容器として固体培地上で好気菌を培養する場合は，シャーレごと培養器内に入れるだけでよいことは言うまでもない。

(5) 生理活性の特定と新奇微生物の同定

　こうして分離した微生物が，当初の目的に合った生理活性を有するか否かを決定することは新奇微生物探索における核心であるが，同時に，その活性が従来の研究報告とどのように異なるのか，またその微生物の特徴を詳しく検討して分類学上の位置を明らかにしなければならない。このような作業を同定という。

　分類単位（taxa）は下位から上位に向かって，種（species），属（genus），科（family），目（order），綱（class），門（phylum），界（kingdom）に系統化されているが，上でも述べたようにコロニーの色や形状などから微生物の界や門などの大系（カビ，酵母，細菌，放線菌など）を推定することができる。

　同定の第二の方法は顕微鏡下での観察である。顕微鏡観察を的確に実施するなら，微生物を比較的詳細に推定分類できる。なお図3.9に代表的な微生物の顕微鏡写真を示した。

　また細胞を色素染色してから顕微鏡観察する場合もある。微生物，特に細菌類の染色で

図 3.8 嫌気培養装置と好気培養装置

(a) 嫌気培養装置：デシケーター①内部の空気を真空ポンプやアスピレーターなどで除き②，窒素やアルゴンなどの不活性ガス④をデシケーター内に注入する。デシケーターを恒温培養器にいれて嫌気培養とする。写真の装置は筆者（菊池）の研究室で実際に使用しているものである。なお培養にともなってガスの発生する場合もあるので不活性ガスの注入時にはマノメーター③でデシケーターの内部圧を調整する必要がある。
(b) 好気培養装置：坂口肩付フラスコや三角フラスコなどの微生物培養装置を載せたステージを左右に往復（振盪）あるいは回転して培地へ通気して好気培養を行う。なお振盪培養装置や回転培養装置のいずれも培養温度を任意に設定できる。

最も代表的な方法はグラム染色法であろう。グラム染色法の詳細については他書に譲るが，この方法は塩基性染色剤（クリスタルバイオレット），ルゴール液，極性有機溶媒（アルコールやアセトンなど）の処理によって紫色に染色されるグラム陽性菌と赤色に染色されるグラム陰性菌とに鑑別するものであり，細菌の同定に重要な指標とされている。

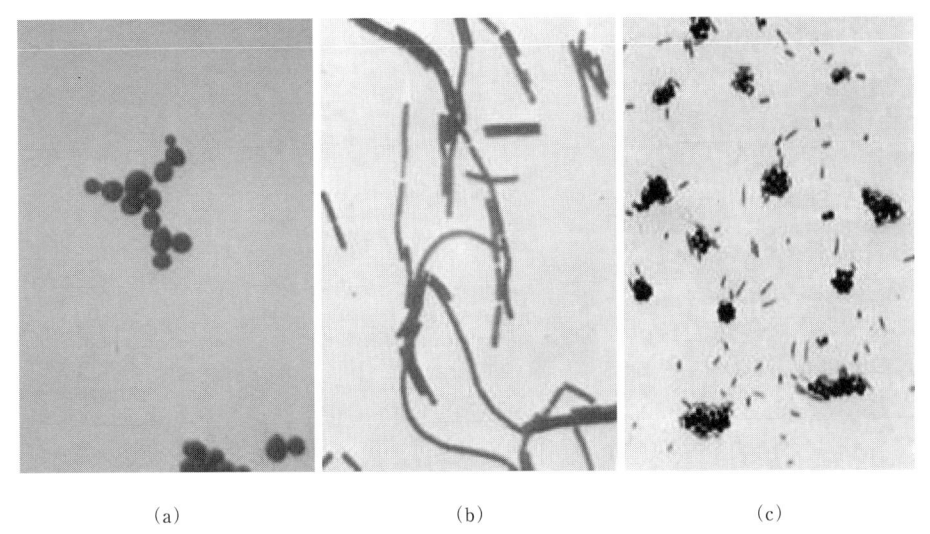

図 3.9　微生物の顕微鏡写真
(a) 房状に集まった *Staphylococcus aureus*（黄色ブドウ球菌），倍率 800 倍
(b) 長く連なって糸状菌のような形態の *Nocardia interforma*，倍率 800 倍
(c) 房状の *S. aureus* と代表的桿菌である *Escherichia coli*（大腸菌）が混在する，倍率 600 倍。

以上の操作は主に微生物の形態から同定を行おうとするものであるが，微生物を同定するためには生化学的特性についても検討しなければならない。一般的には，有機物の資化活性，糖からのガス生産活性，増殖温度特性，胞子形成の有無などが調査される。

以上の調査によって，微生物の属や種までの同定が可能となるが[53]，最近は微生物の特異的 DNA の塩基配列から同定することも行われる。

特にリボゾーム RNA 遺伝子（rDNA）は生物進化の過程で塩基配列の保存性が高く微生物の間でほぼ類似した配列を持っているが，種差に依存してわずかに異なった可変部位をもつ。

現在は，細菌などの原核微生物では 16SrDNA[54]，酵母などの真核微生物では nSSUrDNA（nuclear small subunit DNA; 18SrDNA）の塩基配列情報が分類に頻用されている。

このような遺伝子の塩基配列に基づく分類[55]結果は，上に述べた形態学的特性と生化学的特性に基づく分類結果とほぼ一致するが，一部で異なる場合もあることから最近の微生物分類では塩基配列に基づく分類を最終的な基準とすることが定められている。

> 53) 細菌の場合，これらの形態学的特性および生化学的特性の調査結果を "Bergey's Manual of Systematic Bacteriology" という成書と参照して同定するのが一般的である。

> 54) S はスベドベリ単位（Svedberg unit）を意味し，粒子沈降係数のひとつである。提唱者である T. Svedberg を記念して名付けられ，通常，大文字の S で略記される。5 章脚注 76) も参照。

> 55) 遺伝子の塩基配列に基づく同定や分類を，分子同定あるいは分子分類という。

　筆者らの研究室では分離した細菌の 16SrDNA を PCR（polymerase chain reaction）法によって増幅し，解析に供しているので，その具体的な実験操作を以下に示して塩基配列に基づく同定法を紹介する。

　なお紙面の都合もあって本項で使用する語句の説明を省略するが，詳細は後の遺伝子操作に関する章を参照されたい。

　実験に用いる試薬や機材として以下のものを準備する。

- DNA ポリメラーゼ：筆者らの研究室では市販の DNA ポリメラーゼ（例えばタカラバイオ社の ExTaq DNA polymerase など）を用いているが，多くの市販製品には反応に必要な dNTP（deoxy nucleotide triphosphate：デオキシリボヌクレオチド三リン酸）や濃縮緩衝液が添付されている。

- 鋳型 DNA：16SrDNA 増幅の鋳型となる被検菌株のゲノム DNA を調製する。調製は定法に従って高純度のゲノムを精製してもよいが，筆者らの研究室では簡便的に菌体を 1.5 ミリリットル容マイクロチューブを用いて微量遠心で回収した後，500 マイクロリットルの Triton-TE 溶液（1.0%（w/v）Triton X-100，10mM Tris-HCl（pH8.0），1 mM EDTA）に懸濁し，3 分間煮沸する。その後，クロロホルムを加えてタンパク質を除去して得られる粗精製ゲノム溶液を鋳型 DNA 溶液として用いている。

- dNTP：PCR 法の原理からもわかるとおり，鋳型に対する相補鎖を合成していくためには dNTP が必要である。PCR 用のものは dATP，dTTP，dCTP および dGTP の混合物としてそれぞれ市販されており，また市販 DNA ポリメラーゼに添付されている場合もある。

- プライマー：細菌 16SrDNA を増幅する場合は，研究者個々人がプライマーを設計して専門の業者などに発注する場合も多いが，大腸菌の 16SrDNA 塩基配列を基にした汎用プライマー（ユニバーサルプライマー：universal primer）も市販されている。このプライマーは，ほとんどすべての細菌の 16SrDNA 増幅にそのまま利用できるので便利である。
　これらを用いて筆者らは全量 20 マイクロリットルの反応系で PCR を行っている。

- 遺伝子増幅装置：最近は安価で高性能の装置が各社から販売されている。装置名は難しいが，この装置の実体は使用者の指示（入力）に従って"装置内にセットした反応液を所定の時間，所定の温度に維持する"機器であり，それゆえサーマル・サイクラーと呼ぶこともある。
　図 3.10 に示す増幅装置の穴（ウェル）に増幅反応液（鋳型 DNA，DNA ポリ

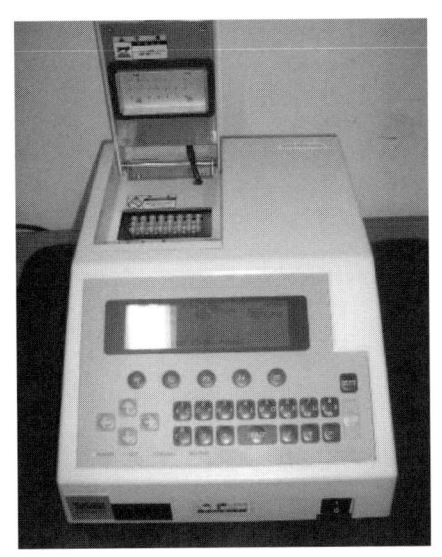

図 3.10 PCR 法で用いられる遺伝子増幅装置
装置上部のウェルに，鋳型 DNA，DNA ポリメラーゼ dNTP ならびにプライマーから成る増幅反応液を入れたマイクロチューブをセットして入力する。

メラーゼ，dNTP，プライマーを含む) を入れた PCR 用マイクロチューブをセットすれば，あとは入力プログラムに従って装置が 16SrDNA を増幅する。

筆者らは "94°C で 1 分間加温→55°C で 1 分間加温→72°C で 1 分間加温" を 1 回（1 サイクル）とする反応を 30 回（30 サイクル）繰り返した後に 72°C で 7 分間加温する反応を行なわせ，16SrDNA を増幅している。

以上の操作による PCR 反応の後に，目的の 16SrDNA 以外に非特異的な増幅産物が検出される場合には，PCR 反応終了液を低融点アガロースで電気泳動し，目的産物のバンドをカッターナイフなどで切り出して市販のゲル抽出キットで精製する。筆者らは BioWhittaker Molecular Applications (BMA) 社の SeaPlaque 低融点アガロースと Marligen 社のゲル抽出キットを用いている。

目的の 16SrDNA を得ることができれば，次に DNA シーケンサーを用いて塩基配列を決定し，その塩基配列を既知細菌の 16SrDNA 配列と比較して被験菌の同定を行う。細菌の 16SrDNA 配列は，世界中の研究者の努力の結果，近年では大変に充実しており，米国国立衛生研究所（NIH）の National Institute of Biotechnology Information が開発した BLAST 検索システム（http://www.ncbi.nlm.nih.gov/BLAST/）を用いてインターネット上でホモロジーサーチを行うことで被検菌株の属種決定に大きく近づくことができる。

(6) 有用新奇微生物の権利化

以上の作業の結果，その微生物が従来の研究にはない新奇性と有効利用が可能な特性をもつ場合は，微生物を特許化して使用やその他の権利を保証する手続きをとるのが一般的

である。

　従来，特許化のための煩雑な手続きは自身で行うか弁理士などに依頼して行うのが一般的であったが，最近は明細書の作成[56]や出願などの特許化の手続きを代行してくれる大学関連機関の創設も相次いでいる。

> [56]　その微生物や微生物を利用する技術の新規性を明確に説明するとともに，実験の結果を詳細に論述した書類を明細書という。

　しかし，微生物特許をはじめとする生物特許の概念の歴史が比較的浅く，また生物特許についての社会的認知程度が低いこともあって，微生物の特許化を速やかに行う専門家の数はまだまだ不足している現状にある。

　なお特許化によって新奇微生物を権利化するとはいっても，特許法の目的は「産業の発達に寄与する」（特許法第一条）にあるので，「新たな細菌兵器に使用する新奇微生物」などのような人類の福祉に貢献しない微生物は特許化対象とならないことは従来の特許と同じである。

3.6　環境保全を目指す新奇微生物の応用例

　上記の操作によって単離し，同定した微生物を特許化した後，この微生物を環境保全や生物工学的環境修復（バイオレメディエーション）の環境分野で応用した例を以下に紹介しよう。

　現在，われわれの生活を取りまく環境中には自然状態での分解が困難な多くの化学物質が存在するが，これらの中でも環境ホルモンと呼ばれている一群の化学物質は内分泌攪乱物質[57]として作用するなどわれわれの生活に重大な影響を及ぼすことが知られており，さらに環境中ではきわめて広い範囲に低濃度で存在するため従来の化学工学技術では十分に除去処理することが困難であり必然的に環境中に長期間残留する結果となった。

> [57]　典型的な環境ホルモンの作用は，動物の単性化（生物の雌雄の区別がなくなる現象）などの生理・生殖機能の攪乱と不妊，並びに免疫機能の低下である。現在，61種類の化学物質が環境ホルモン（内分泌攪乱物質）としてリストアップされているが，その後も同様の作用を発現する物質が次々と見い出されていることから2003年末から環境省による内分泌攪乱物質の追加が開始された。

　図3.11（a）に示すノニルフェノールポリエトキシレートは，工業用洗浄剤や分散剤として繊維工業をはじめ製紙工業や金属工業，あるいは農薬工業などの分野で頻用されており，使用後には産業排水として環境中に排出され，微生物によって親水基が除かれてノニルフェノール（図3.11（b））に変換される。

　ノニルフェノールは強力な環境ホルモンとして作用するが，従来は難生分解性物質[58]であるため生物工学的にも除去は困難と考えられており，特別な処理技術の開発も立ち遅れ

図3.11 内分泌攪乱物質（環境ホルモン）の例
(a) ノニルフェノールポリエトキシレート（NPEO），(b) ノニルフェノール（NP）

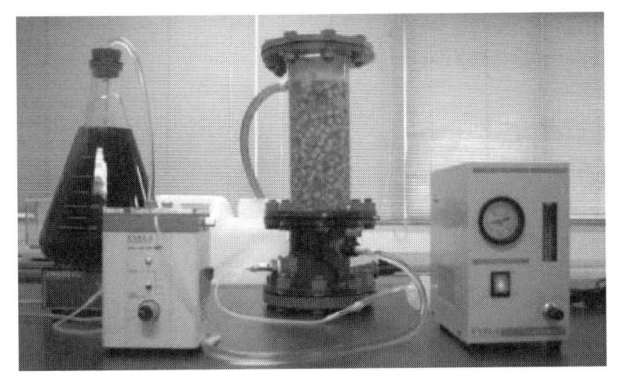

図3.12 新奇微生物を利用した環境ホルモン除去装置（実験室規模）
単離した新奇の環境ホルモン資化微生物を多孔性合成高分子物質の表面に固定化して円筒状バイオリアクターに充塡した（写真中央，リアクターの容量は3リットル）。このリアクターに写真左奥の三角フラスコから環境ホルモンを含む排水を供給し，微生物による環境ホルモンの分解と除去を図る。

ている状況にあった。

　本書の執筆者でもある藤井と浦野らのグループは，下水処理場の活性汚泥[59]からノニルフェノールを主要な炭素源として資化する*Sphingomonas*属細菌を分離し，この微生物を後の章で詳しく述べる"固定化"の後にリアクターに適用してノニルフェノールを分解除去することを試みた。

> [58] 微生物を含む生物の代謝によっては分解されにくい物質，あるいは分解がきわめて干満で完全分解に数十年から数百年の期間を要する化合物をいう。

> [59] 活性汚泥については後の章で詳しく述べるが，基本的にはさまざまな好気微生物集団である。

　図3.12に実験室規模での装置（バイオリアクターのの容量：3リットル）を示した。ノニルフェノールを資化する*Shingomonas*属細菌を多孔性ポリプロピレン担体に吸着固定し，これをアクリル製円筒型リアクターに充塡する。リアクター下部からエアーポンプで空気を送気して好気環境とし，他方，同様にリアクター下部から送液ポンプでノニルフェノールを含む排水を注入したところ，処理後の排水中にノニルフェノールはまったく検

図 3.13　新奇微生物を利用した環境ホルモン除去装置（実証規模）
新奇の環境ホルモン資化微生物を利用して環境ホルモンを分解除去する原理は図 3.12 と同じ。写真には，3 基の 100 リットル容のバイオリアクターを積み重ねて 300 リットル容の多段型リアクターを示したが，この装置の特徴は設置場所の広さや処理量に応じて単段型リアクターにするなどリアクター規模を任意に変更することができる点にある。バイオトリート社の写真提供による。

出されなかった。

　この成果をもとに容量 300 リットルのバイオリアクターを製作してノニルフェノールポリエトキシレートやノニルフェノールを含む排水を排出する工場に設置したところ，従来は未処理のまま環境下に放出せざるを得なかった環境ホルモンを良好に除去できた（図 3.13）。

　酵素反応に基質特異性の制限があるのと同様に，微生物が関与する反応も資化性の制限がある。したがって当然のことながら，この微生物ですべての種類の環境ホルモンを処理し，除去できるわけではない。しかし従来は知られていない生理活性をもつ新奇微生物を探索し，それを実際技術として応用するというオーソドックスな微生物利用例として注目に値するものである。

4 微生物工学的環境改善

4.1 好気性微生物を用いる環境改善方法

微生物学的環境改善方法は好気性処理と嫌気性処理の二種類に大別されるが、いずれの場合も混合培養系を利用しており、さまざまな微生物が反応に関与している。以下では好気性および嫌気性の方法による廃水処理を中心に述べる。

(1) 汚濁指標の開発

歴史的に環境水の汚濁は、人口の1箇所への大量集中に起因した。そのため、飲み水となる上水が汚染され、結果として伝染病や各種疾病の原因となった。特にこの傾向は歴史的に衛生概念の発達していなかったヨーロッパで著しく、例えば1700年代から1800年代のロンドンでは、産業革命以降の工業発達による大量の労働力と資源の使用のために、いわゆる公害が発生し、テムズ川はどぶ川となっていたといわれている。

このような中、1847年のコレラの大流行を発端として王立委員会は下水によるテムズ川の水質汚濁の改善命令を出した。1890年にはW. E. Adeneyによって、汚濁水中の有機物は微生物の作用によって分解され、同時に溶存酸素の消費とともに炭酸ガスも発生することが確かめられ、BOD（Bioligical Oxygen Demand）という概念が提唱された。

さらに、英国における河川の出発地点から河口までの最高流達時間が5日間であること、最高水温が20℃であることから、1898年には英国王立下水処理委員会によって下水放流による河川公害が発生するかどうかを判定するための具体的な試験方法が定められ、20℃で5日間にわたってBODを測定する現行方法の基礎が確立された。この方法はアメリカで1936年版 Standard Methods for the Examination of Water and Wastewater に採用されて以来、広く世界中で環境水の有機性汚濁判定法や廃水処理の効果判定方法として使用されるようになった。

BOD測定の反応式は以下の通りである。すなわちBODは酸素要求量なので、

$$\text{CxHyNzOu(有機物)} + O_2 = CO_2 + H_2O + NO_3 + 微生物 \quad (4-1)$$

また実際の BOD 値は，例えば長良川の長良橋付近のようなきれいな河川では 2〜3 mg/L，家庭の下水では約 200 mg/L，下水処理水約 10 mg/L，し尿 6,000〜8,000 mg/L である。

総括的な有機物による汚濁指標としては BOD のほかに，COD (Chemical Oxygen Demand)，TOC (Total Organic Carbon)，TOD (Total Oxygen Demand) があり，個別の物質の汚濁指標であるアンモニア性窒素や総リン酸などと併用される場合が多い。

現在の法律では BOD，COD 並びにその他の個別指標によるさまざまな排出規制が行われ，環境維持のために使用されている。なお，COD の測定方法は，日本，韓国などは酸性過マンガン酸カリウム法であるが，欧米諸国は二クロム酸カリウムであるため，同じ COD 値でも意味がまったく異なり，後者の値が大きいことに注意する必要がある。二クロム酸カリウム法ではほとんどの有機物は 100% 近く酸化されるが，酸性過マンガン酸カリウム法では，例えば，酢酸は約 10% しか酸化されない[60]。

> 60) わが国の COD 測定法は「JIS J0120　工場排水試験法」などで詳細に規定されている。具体的には試料水（廃水）に 20% 水酸化ナトリウム水溶液を加えてアルカリ性とし，これに 5 ミリモル/L の過マンガン酸カリウム（K_2MnO_4）水溶液を酸化剤として加えて湯浴上で 1 時間加熱し，試料水中の有機物を酸化する。その後，10% ヨウ化カリウム（KI）水溶液を加え，余剰の過マンガン酸カリウムによって遊離するヨード（I_2）を 25 ミリモル/L のチオ硫酸ナトリウム（$Na_2S_2O_3$）水溶液で滴定する。この滴定に要したチオ硫酸ナトリウムのミリリットル数と有機物を含まない対象水の滴定に要したチオ硫酸ナトリウム水溶液のミリリットル数の差から COD を算出する。

(2) 活性汚泥法

活性汚泥法は，1914 年に英国の Arden と Lockett によって開発された廃水処理法であり，好気的に廃水を安定化する活性微生物を生産することから活性汚泥法と名付けられた。

この方法の原理は，微生物混合系を構成する各種微生物の代謝に必要な栄養源を廃水から供給して微生物の代謝活性が上昇するように環境条件を人為的に調整することにある。またこの方法では特に空気（酸素）が不足となるのでばっ気（曝気）槽で強制的に供給し，増殖した微生物を排水中の浮遊物質と一緒にフロック（塊）状にして分離し，上澄水を処理水として排出する。

活性汚泥はさまざまな細菌，酵母，カビ，原生動物などの混合集団であり，これらがフロックを形成する。フロックの写真を図 4.1 に，原生動物の写真を図 4.2 に示す。

フロックはさまざまな微生物が生産する粘質物で，多糖類を主成分とし，吸着能力が高く，水より比重が大きいので最終沈殿池で処理水と活性汚泥を分離することができる。

標準活性汚泥法のプロセスを図 4.3 に示す。

さて上にも述べたように活性汚泥は微生物の混合体であるため，微生物の増殖に利用された廃水中の有機物は反応系から除去される。またフロックの性状を正常に保つためには，活性汚泥に栄養源（廃水中の有機物）を適正に保持しなくてはならない。栄養源が少ない

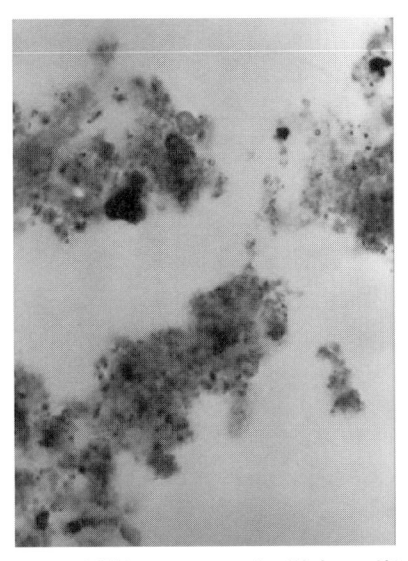

図 4.1　活性汚泥のフロック（倍率 200 倍）

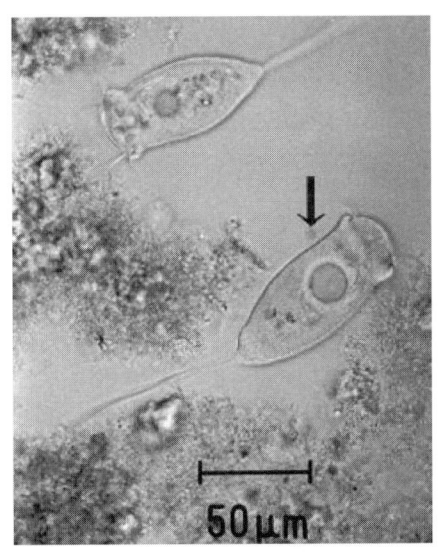

図 4.2　活性汚泥中の原生動物
矢印で原生動物を示した。

と粘質物の形成が減少するためフロックは解体し，逆に栄養源が過剰に多いと微生物相が細菌主体からカビ主体に変化してバルキングという沈降しない状態となる。このため，さまざまな設計と維持管理に関する方法が提案されているが，大切なことは，負荷と反応速度に対する考え方である。

　負荷という概念は，単位活性汚泥に与える栄養物量を示すものであり，F/M 比（Food/Microorganisms 比）や BOD-MLSS 負荷とも呼ばれ，次式で定義される。

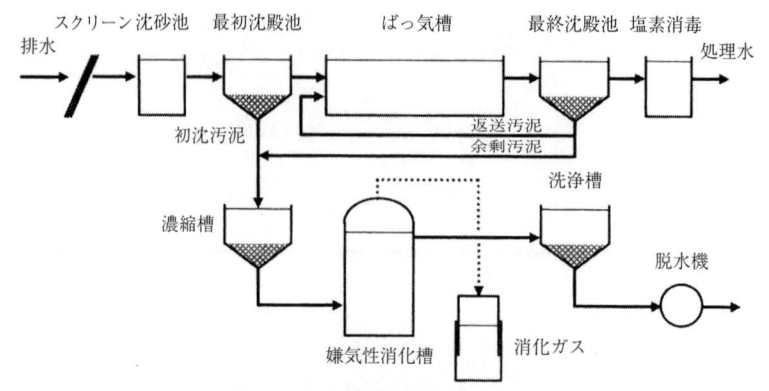

図 4.3 標準活性汚泥法のフロー
(清水達雄,「微生物と環境保全」, 三共出版 (2001))

$$F/M = \frac{S_0 Q}{VX} = \frac{S_0}{\theta X} \tag{4-2}$$

ここで, F/M: F/M比（kgBOD/kgMLSS/day）, S_0: 流入水中のBOD濃度（mgBOD/L）, Q: 流入水の流入速度（m³/day）, V: ばっ気槽容量（m³）, X: ばっ気槽内の活性汚泥濃度（mgMLSS/L） MLSS は Mixed Liquor Suspended Solids の略で活性汚泥濃度を浮遊物質濃度で表したものである, θ: ばっき槽での水理学的滞留時間（hr）

F/M比を計算するには，活性汚泥濃度を求めなければならない．実際の活性汚泥法が定常運転されている場合，活性汚泥濃度はほとんど変わらないので，容積負荷で代替する場合が多い．容積負荷は次式で表される．

$$L\nu = \frac{S_0 Q}{V} \tag{4-3}$$

ここで, $L\nu$: BOD容積負荷（kgBOD/m³/day）

BODの除去速度に関しては，活性汚泥の増殖と関連して，一般的にMonod式で表現される．

$$\frac{dx}{dt} = \mu_{\max}\left(\frac{S}{Ks+S}\right)X \tag{4-4}$$

ここで, $\mu\max$: 最大比増殖速度（hr⁻¹）, Ks: 飽和定数，微生物の比増殖速度が最大値の1/2を示すときの流入水BOD濃度（mg/L）

標準活性汚泥法でのBOD-MLSS負荷，BOD容積負荷，ばっ気槽内の活性汚泥濃度は各々，0.2～0.4 kgBOD/kgMLSS/day，0.3～0.8 kgBOD/m³/day，1,500～2,000 mgMLSS/L であり，ばっ気槽でのエアレーション時間は4～6 hr である．

活性汚泥の沈降性の指標として SV_{30}（Sludge Volume at 30 min Sedimentation）が用いられる．これは30分での活性汚泥の沈降率（沈降容積）をみるもので，メスシリンダーを使って簡単に測定できる．活性汚泥混合液採取直後と30分放置後の様子をそれぞれ図4.4に示す．

SV_{30} と MLSS 濃度を基準として，単位活性汚泥あたりの容積を計算した指標は SVI

(a)　　　　　　　　　　　　(b)

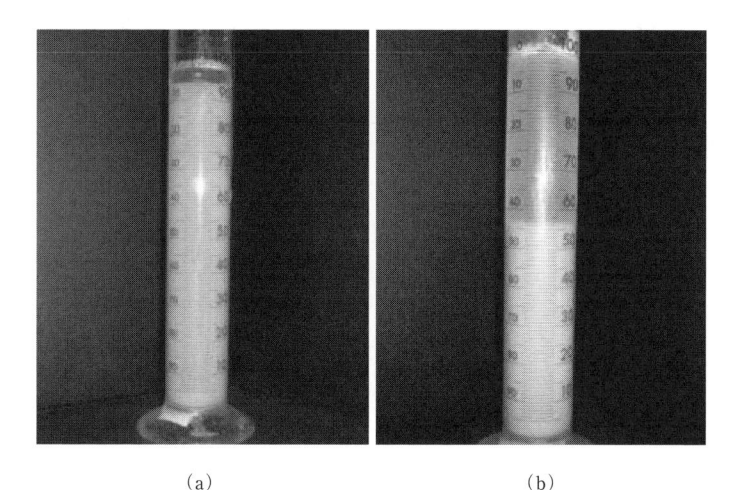

図 4.4　活性汚泥の不溶性浮遊物の沈降
(a) 採取直後，(b) 30 分放置後。SS の沈降が観察される。

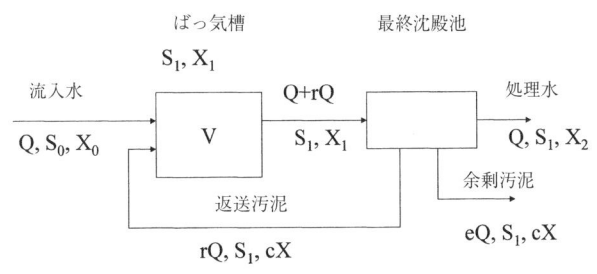

図 4.5　完全混合槽での物質収支

(Sludge Volume Index, mL/g) と呼ばれる。この例では，SV_{30} は 55 になる。MLSS は 5,000 mg/L なので，SVI は 80 mL/g である。SVI はバルキングの目安となり，良好に維持管理されている標準活性汚泥法では 60〜120 mL/g である。

さて，以降は図 4.5 に基づいて，ばっ気槽での物質収支を考える。

(a) 活性汚泥の物質収支

完全混合を仮定したばっき槽での活性汚泥の総括物質収支は，

　　［ばっ気槽中の全活性汚泥量］＝［流入廃水中の全活性汚泥量］
　　　＋［返送汚泥中の全活性汚泥量］－［流出水中の全活性汚泥量］
　　　＋［ばっ気槽中での活性汚泥の増殖量］

となる。

したがって，微分物質収支は次のようになる。

$$V\frac{dX_1}{dt} = QX_0 + rQcX_1 - (Q+rQ)X_1 + V\left(\frac{dX_1}{dt}\right)_{growth} \quad (4-5)$$

ここで流入廃水中の活性汚泥濃度は 0 なので，

4.1 好気性微生物を用いる環境改善方法

$$V\frac{dX_1}{dt} = rQcX_1 - (Q+rQ)X_1 + V\left(\frac{dX_1}{dt}\right)_{growth} \tag{4-6}$$

$$V\frac{dX_1}{dt} = -QX_1 + (c-1)rQX_1 + V\left(\frac{dX_1}{dt}\right)_{growth} \tag{4-7}$$

両辺を V で割ると，

$$\frac{dX_1}{dt} = \frac{\{(c-1)r-1\}}{V}QX_1 + \left(\frac{dX_1}{dt}\right)_{growth} \tag{4-8}$$

ばっ気槽内での活性汚泥の増殖は，見かけの増殖量から自己酸化による減少量の差となり，見かけの増殖は Monod（モノー）式に従うとすれば，

$$\left(\frac{dX_1}{dt}\right)_{growth} = \mu_{max}\frac{S_1}{Ks+S_1}X_1 - bX_1 \tag{4-9}$$

ここで，Q: 流入水の流入速度 (m³/day)，V: ばっき槽容量 (m³)，S_0: 流入水中の BOD 濃度 (mgBOD/L)，S_1: 処理水中の BOD 濃度 (mgBOD/L)，X_0: 流入水中の活性汚泥濃度 (mgMLSS/L)，X_1: ばっき槽内の活性汚泥濃度 (mgMLSS/L)，X_2: 処理水中の活性汚泥濃度 (mgMLSS/L)，r: 活性汚泥の返送率 (%)，b: 自己酸化係数 (1/day)，c: 最終沈殿池での活性汚泥の濃縮率 (%)，e: 余剰汚泥の引き抜き率 (%)

(b) BOD 源物質の物質収支

活性汚泥の場合と同様に計算すると，BOD 源物質の微分物質収支は次のようになる。

$$V\frac{dS_1}{dt} = QS_0 + rQS_1 - (Q+rQ)S_1 + V\left(\frac{dS_1}{dt}\right)_{consumption} \tag{4-10}$$

$$= Q(S_0-S_1) + V\left(\frac{dS_1}{dt}\right)_{consumption}$$

両辺を V で割ると，

$$\frac{dS_1}{dt} = \frac{Q}{V}(S_0-S_1) + \left(\frac{dS_1}{dt}\right)_{consumption} \tag{4-11}$$

$$\frac{Q}{V} = D \tag{4-12}$$

また，

$$\left(\frac{dS_1}{dt}\right)_{consumption} = \nu_1 X_1 \tag{4-13}$$

なので，

$$\frac{dS_1}{dt} = D(S_0-S_1) + \nu_1 X_1 \tag{4-14}$$

さらに，

$$\nu_1 = \frac{1}{Yx/s}\mu_1 \tag{4-15}$$

$$\frac{dS_1}{dt} = D(S_0-S_1) - \frac{1}{Yx/s}\mu_1 X_1 \tag{4-16}$$

$$\frac{dS_1}{dt} = D(S_0-S_1) - \frac{1}{Yx/s}\mu_{max}\frac{S_1}{Ks+S_1} \tag{4-17}$$

ここで，D：= Q/V，希釈率（1/hr），$Y_{x/s}$：増殖収率（mgMLSS/mgBOD，%），ν_1：比基質消費速度（mgBOD/hr/mgMLSS）

この式は，活性汚泥の基質が構成成分にはなるものの，エネルギー源にならない場合は $Y_{x/s}$ がほぼ一定で成立するが，エネルギー源や炭素源の場合は別途に活性汚泥の維持代謝を考慮する必要がある。

すなわち，BOD の減少（消費）速度は，

[全消費速度] = [増殖のための消費速度] + [維持代謝のための消費速度]

となり，

$$\frac{dS_1}{dt} = \frac{1}{Y^*_{x/s}}\frac{dX_1}{dt} + bX_1 \tag{4-18}$$

ここで，$Y^*_{x/s}$：BOD 源から得られる活性汚泥収率（真の汚泥転換率，a），b：維持代謝係数または自己酸化係数。a の値は，家庭下水など有機性廃水の場合約 0.5，b の値は，約 0.1/day である。すなわち，廃水中の有機物のうち約半分が活性汚泥となる。

(c) 酸素供給

活性汚泥法ではばっ気槽内を好気的に保つ必要があるため，酸素（空気）の供給が大切である。酸素は活性汚泥の合成と維持のために利用される。

すなわち，酸素の利用速度は，

[全酸素消費速度] = [増殖のための消費速度] + [維持のための消費速度]

となり，

$$\frac{dO_2}{dt} = a'\frac{dS_1}{dt} + b'X_1 \tag{4-19}$$

ここで，a'：除去された BOD 量のうち，増殖のために使われた率，b'：自己酸化率（1/day）

式（4-19）を変形し，まとめると，

$$\frac{dO_2}{dt} = K_r X_1 \tag{4-20}$$

となり，K_r は，単位活性汚泥量あたりの酸素必要量（mgO$_2$/gMLSS/hr）となる。

酸素は水への溶解度が低く，例えば 20℃ での飽和濃度は 8.84 mg/L である。酸素の水への溶解は 2 重境膜説[61]で説明され，総括酸素移動容量係数 Kla をいかに大きくできるかが重要である。ちなみに，標準活性汚泥法での維持管理費の約 80% は電気代，すなわち，空気供給のブロワーの電気代であるといわれている。

> 61) **2 重境膜説**：気相から液相へのガス溶解のモデル。気液界面に沿って，ガス側と液側に薄い膜が存在し，ガスは両方の境膜を分子拡散でのみ移動し，気相中の分圧と液相中の濃度の間には常に平衡が成立しているという物質移動に関する考え方。この中で，境膜での単位容積当たりの酸素移動の係数は Kla（1/hr）と定義される。酸素の水中での溶解度は 20℃ で 8.84 mg/L と低い。好気培養では酸素をいかに効率よく液に溶解させるかが課題であり，このためで Kla を用いて酸素溶解が解析され，装置設計が行われる。

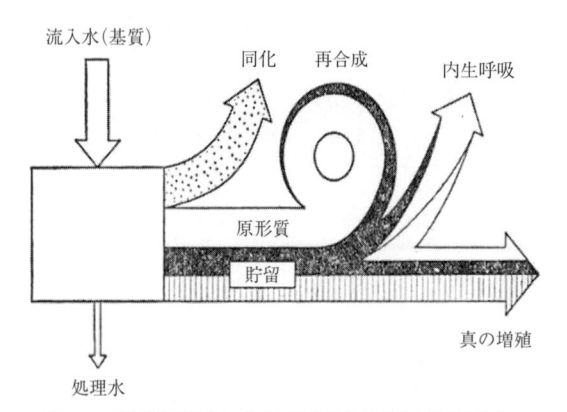

図 4.6 活性汚泥法における有機物利用の物質収支
(M. J. Stewart, Water and Sewage Worhs, Vol. 111, No. 5 (1964))

これまでに述べた物質収支関係を図 4.6 に示す。生物処理法全般にいえることであるが、廃水の浄化は、廃水中の有機物を微生物細胞へ変換することにほかならず、そのような観点からすれば余剰汚泥[62]の処理と有効利用方法が鍵を握っているといっても過言ではない。余剰汚泥の減量化方法が、特に大規模な下水処理で研究されている。

> [62] 汚泥という言葉のイメージが悪いので、最近はバイオソリッドという言葉が使用されることもある。

これまでに述べた活性汚泥法の原理はほぼ確立されたもので、これを元にさまざまな活性汚泥変法が開発され、標準活性汚泥法から発展したステップエアレーション法、コンタクトスタビリゼーション法、長時間ばっ気法、モディファイドエアレーション法、純酸素ばっ気法などの連続式活性汚泥法と、回分式活性汚泥法などが知られている。一般的に、大規模な都市下水処理には連続式活性汚泥法が利用されており、また例えば農村集落廃水処理などの小規模の場合には回分式活性汚泥法がよく利用されている。

(d) **窒素の除去**

活性汚泥法は、BOD を主成分とする炭素系の廃水中の有機物を除去する方法として開発されてきたが、廃水中には窒素成分もタンパク質として含まれる。有機性窒素成分の分解除去は、2 章でも述べたように、従属栄養性の微生物によるアンモニア性窒素への酸化、独立栄養性微生物によるアンモニア性窒素の亜硝酸を経る硝酸への酸化、さらに硝酸性窒素の従属栄養性微生物による還元脱窒によって窒素ガスとして大気中に返される。

このメカニズムを利用して、脱窒素活性汚泥法が開発された。脱窒素活性汚泥法は、前段の硝化プロセスと後段の脱窒プロセスに分けられる（図 4.7）。

i) 硝化プロセス

従属栄養性微生物によって有機性窒素から転換されたアンモニア性窒素を硝化菌によって亜硝酸性窒素から硝酸性窒素に酸化するプロセスをいう。前者はアンモニア酸化細菌または亜硝酸菌といわれる微生物が関与する反応であり、代表的な属は *Nitrosomonas* 属で

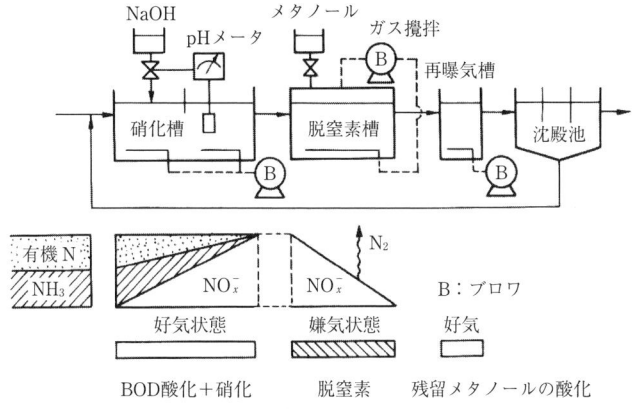

図4.7 脱窒素活性汚泥法の例
(井出哲夫,「水処理工学」,技報堂出版 (1976))

ある。後者に関与する微生物は亜硝酸酸化細菌または硝酸菌と呼ばれ,*Nitrobacter* 属が代表的である。いずれも,独立栄養細菌であり,炭素源として溶存二酸化炭素を利用する。

亜硝酸菌の酸化反応は次式で示される。

$$NH_4 + 1.5O_2 = NO_2 + H_2O + 2H^+ \qquad (4-21)$$

この反応では,アンモニア性窒素 1 kg に対して酸素 1.7 kg が必要となり,反応の結果 pH は低下する。

硝酸菌の酸化反応は次式で示される。

$$NO_2 + 0.5O_2 = NO_3 \qquad (4-22)$$

この反応では,亜硝酸性窒素 1 kg に対して酸素 0.35 kg が必要となる。

亜硝酸菌は,一般に水温の低下に大きく影響され,また至適 pH がややアルカリ性である。また亜硝酸菌の増殖速度は硝酸菌や一般の従属栄養細菌に比べてかなり遅く,その結果として窒素の酸化反応が亜硝酸で停止することが予測される。したがって,亜硝酸菌をいかに系内に留めて濃度を高くして活性を維持するかが大切となる。

ii) 脱窒プロセス

脱窒素菌は亜硝酸性窒素ないし硝酸性窒素を窒素源とし,有機物を炭素源とする通性嫌気性菌である。嫌気条件では分子状の酸素の代わりに亜硝酸性窒素または硝酸性窒素を水素受容体として呼吸する。これを亜硝酸呼吸または硝酸呼吸という。水素供与体は有機物であり,通常は安価なメタノールや流入原水が使用される。

反応式は次のとおりである。

$$2NO_2 + 3H_2 = N_2 + 2OH^- + 2H_2O \qquad (4-23)$$
$$2NO_3 + 5H_2 = N_2 + 2OH^- + 4H_2O \qquad (4-24)$$

以上の原理に基づいて硝化液循環方式(図4.8),脱窒液循環方式などが開発されている。

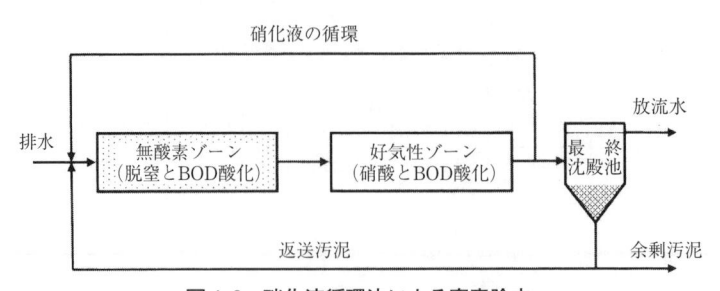

図 4.8 硝化液循環法による窒素除去
(清水達雄,「微生物と環境保全」, 三共出版 (2001))

亜硝酸性窒素や硝酸性窒素からの脱窒反応では窒素に還元される前に，いったん酸化窒素（N_2O）が生成される。この酸化窒素は温室効果ガスであるため，酸化窒素を生じない脱窒方法が研究されている。そのひとつが，Annammox と呼ばれている方法で，アンモニア性窒素と亜硝酸性窒素から直接脱窒する方法である。この反応は，次式で示され，関与する微生物は，planctomycete として 1999 年に初めて報告された。

$$NH_4^+ + 1.32NO_2^- + 0.066HCO_3^- + .13H^+ =$$
$$1.02N_2 + 0.26NO_3^- + 0.066CH_2O_{0.5}N_{0.15} + 2.03H_2O \quad (4-25)$$

さらに，2001 年に神戸大学の青木はアンモニア性窒素と硝酸性窒素から直接脱窒する従属栄養性の *Klebsiella pneumoniae* を発見した。Planctomycete に比較すると増殖速度が速く，応用が大いに期待される。

(e) リンの除去

リンは微生物の生育にとって必須元素であり，環境条件によっては必要量以上を細胞内にポリリン酸として蓄えることが古くから知られている。

ポリリン酸は，リン酸基が直鎖状に 3 から 1,000 個程度重合した構造であり，細胞内にポリリン酸を大量に蓄積する細菌として好気性細菌の *Acinetobacter* 属が知られている。また，大腸菌にも同様の活性があり，ポリリン酸キナーゼが重要な役割を果たしている。

ポリリン酸蓄積菌は好気状態でリン摂取とポリリン酸の蓄積を行い，嫌気状態で細胞内のポリリン酸をオルトリン酸（PO_4^{3-}）へ加水分解し，この反応の過程でエネルギー物質を細胞内に取り込むが，リン酸放出量よりもリン酸蓄積量が多いためポリリン酸蓄積菌と呼ばれる。

このようなリン過剰摂取の性質を利用する活性汚泥法も開発されており，嫌気槽と好気槽を組み合わせることによって実施される。すなわち，嫌気槽で流入廃水中の有機物を活性汚泥に取り込ませるとともにオルトリン酸を放出させ，次の好気槽で有機物の酸化分解とリンの過剰摂取を行うことによって廃水中のリンを除去するものである。

基本的にリンは余剰活性汚泥として引き抜くことになる。この方法は通称，A/O 法（Anaerobic/Oxic process）と呼ばれている。

また，リンを吸収した汚泥を 70～90℃ で加熱するとリン酸が溶出し，溶出したリンに

カルシウムを添加するとバイオリン鉱石が生成する。これは，広島大学大竹が考案した方法で，普及が期待されている。

(f) 窒素とリンの同時除去

生物学的な窒素・リン除去プロセスは，消化液循環方式の硝化脱窒方法と生物学的脱リン方法を組み合わせた方法である。基本的にシステムは嫌気槽，無酸素槽，および好気槽から構成されるが，ここで言う嫌気とは分子状酸素や結合酸素（亜硝酸や硝酸）が存在しない状態をいい，無酸素とは分子状の酸素が存在しない状態をいう。さまざまなプロセスが開発されているが，嫌気，無酸素，好気の順序で処理を行う A_2O 法（Anaerobic/Anoxic/Oxic process）（図4.9）が代表である。

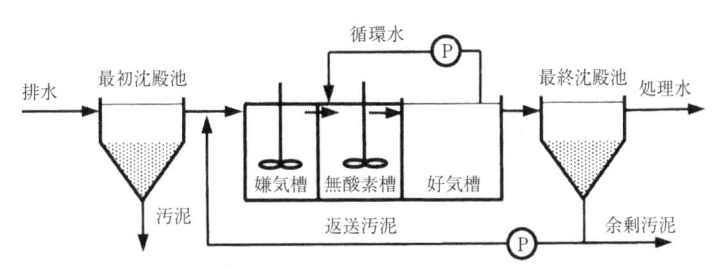

図4.9 窒素・リン同時除去法（A_2O 法）の例
(清水達雄，「微生物と環境保全」，三共出版（2001））

(g) 化学物質の分解

工場廃水にはさまざまな化学物質が含まれるので，工場廃水処理にも活性汚泥法が汎用されている。すなわち先にも述べたように活性汚泥には多種多様の化学物質の分解菌が存在しているので，適切な管理を行えば，それらの微生物の活性を維持して対象化学物質を分解できる。

活性汚泥法では馴致という操作が重要な役割を占める。馴致の科学的機構の詳細には不明な点も多く残されているが，対象物質を分解できる微生物の集積プロセス（集積培養）や対象物質分解酵素系の誘導と考えられる。したがって一般に馴致は高いMLSSと長い滞留時間の条件で行われる。

また特定の物質を分解する微生物を活性汚泥中に投入する方法もあるが，投入した微生物の菌数保持と活性維持が課題となる。

(h) 物理化学的方法との併用

i) 活性炭添加活性汚泥法（生物活性炭法）

活性炭は多孔性であるので吸着能力に優れ，各種物質の吸着除去にも汎用されているが，本法は活性炭の吸着能力と活性汚泥による生物分解能力を併用して，活性汚泥で分解できない物質は活性炭で吸着除去しようという発想である。

ii) 凝集剤添加活性汚泥法

先に述べた生物学的脱リンでリンを完全に除去することは困難であるので，従来からカルシウム添加や鉄塩による凝集剤を添加する方法で除去されていた。すなわち多くの場合，

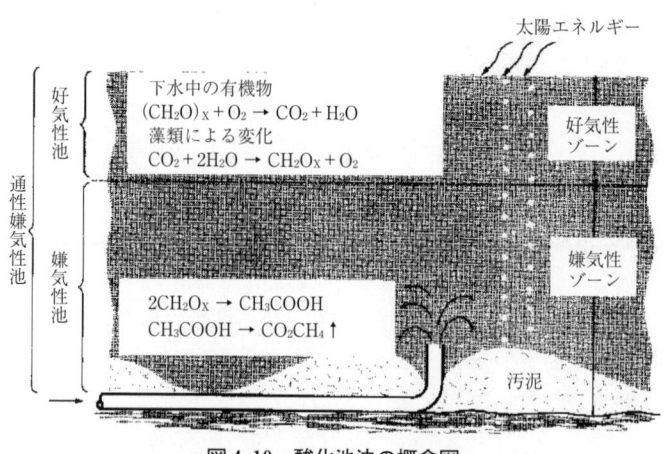

図中のテキスト:
- 太陽エネルギー
- 好気性池
- 通性嫌気性池
- 嫌気性池
- 下水中の有機物
  $(CH_2O)_x + O_2 \rightarrow CO_2 + H_2O$
  藻類による変化
  $CO_2 + 2H_2O \rightarrow CH_2O_x + O_2$
- $2CH_2O_x \rightarrow CH_3COOH$
  $CH_3COOH \rightarrow CO_2CH_4 \uparrow$
- 好気性ゾーン
- 嫌気性ゾーン
- 汚泥

図4.10 酸化池法の概念図
(浅野孝,「廃水処理工学」, 泰流社 (1977))

凝集剤は最終沈殿池の入口で投入されるが，この方法では結果的に返送汚泥中にも凝集剤が含まれ，ばっ気槽に直接凝集剤を添加した場合と同じこととなる。そこで，近年，ばっ気槽に直接凝集剤を添加する凝集剤添加活性汚泥法が開発された。実際にスウェーデンの下水処理場ではリン除去のために本法が使用され，初期の目的を達成できた。

本書の執筆者である高見澤らは，本法を重金属を含む高濃度廃水に適応してみた。その結果，重金属は捕捉され，さらにCOD除去率も高くなることを見い出した。ただし凝集剤添加法の宿命として，発生する余剰汚泥量が増えることとその処理方法が課題である。

(3) 酸化池法

酸化池法の原理概念は金魚池やうなぎの養殖池をイメージすると分かりやすい。広大な池に廃水を流入させ，池に生息する動植物プランクトンや原生動物，並びに微生物，さらには水生植物や魚類をも利用して廃水を浄化する。本法の基本は，多種多様の生態系の人為的利用であり，酸素供給は太陽光と植物性プランクトンによる光合成に依存する。広大な面積があれば，比較的簡単にしかも，安定して効率を発揮するため，活性汚泥法と二分される代表的な廃水処理方法である。

一般に酸化池法は廃水安定化池法またはラグーン法とも呼ばれ，池内の酸素濃度に応じて，嫌気性池，通性池，あるいは好気性池に大別される。

嫌気性池では，主に，廃水中の高分子有機物の嫌気性微生物による分解と可溶化が行われ，その後に好気性池での浄化が行われる。窒素やリンを除去する場合には熟成池を設け，植物による窒素やリンの吸収除去が行われる。

他方，通性池の表面は好気性であり，中層から低層に行くにしたがって嫌気性の度合いが大きくなる。中層や低層の嫌気環境下に 25〜30 日間にわたって廃水を滞留させ，その後，表面の好気環境下に浄化を行うと BOD や COD 除去速度係数が向上するので，嫌気性池の前処理として重要である。

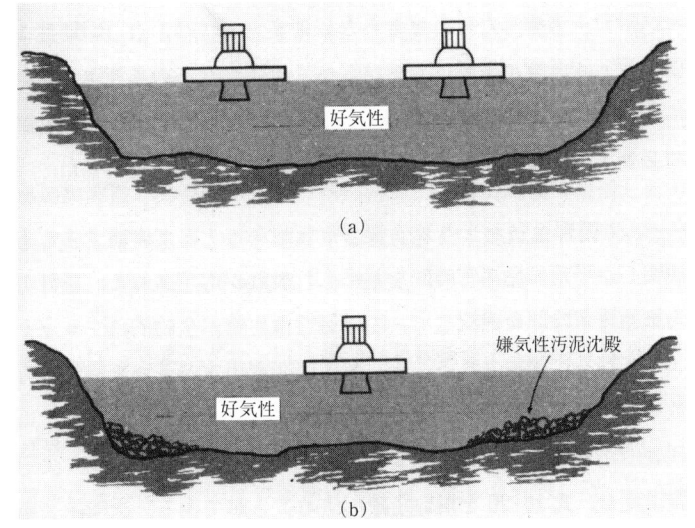

図 4.11　ばっ気式酸化池の概念図
(浅野孝,「廃水処理工学」, 泰流社 (1977))

図 4.12　表面ばっ気装置の例

　また好気性池では，分解速度を早くするために表面ばっ気装置（エアレーター）を設置する場合が多い。

　図 4.10 には一般的な酸化池法の概念図を，図 4.11 には表面ばっ気装置をつけた酸化池（高率酸化池）のイメージを示す。

　図 4.12 は，大阪市北港廃棄物処分地浸出水処理施設のエアレーターである。なお，この設置場所は海面であるため，通常の廃水処理とは異なった現象が見られる。例えば，紅色硫黄細菌による処理設備水面の赤色化などであるが，これは，安定化池嫌気性部で発生した硫化水素が硫黄細菌によって硫黄に酸化され，結果として悪臭が低減するというプラスの側面をもつ。

　図 4.13 はバングラディッシュにおける酸化池の例を示す。バングラディッシュは，経

図 4.13 ダックウィードを利用した酸化池
廃水流入部の様子を示した。

図 4.14 ダックウィード
日本の浮き草に似ているが，根が極端に短い。

済状態が思わしくない。廃水処理にコストをかけることはできないが，土地と太陽の恵みは十分にある。そこで，国連の技術的援助で，ダックウィード（浮き草の一種）を利用した酸化池処理が盛んである。図 4.14 がダックウィードの例であるが，300 以上の種類から選別されたもので，根が非常に短い（ほとんど無い）種類である。

日本でもかつてはホテイアオイなどの水生植物を用いた廃水浄化が研究されたが，廃水中の栄養分を利用して水生植物が増殖するので，増殖した水生植物を排除しないと連続した廃水処理が達成できない。しかし排除作業の過程でホテイアオイの根の部分が作業中にどうしても切断され，切断された根による 2 次汚染が発生する問題が発生した。また沖縄を除く日本の気候では，冬には水生植物の増殖がほとんどとどまり枯れ死する場合も多く，なかなか普及はしていない現状にある。しかし，最近は後述する「バイオマス・ニッポンプロジェクト」とも関連して，水生植物の資源植物あるいはエネルギー植物として見直さ

図 4.15　散水ろ床法の例
パイプがゆっくり回転し，廃水がろ床に散布される様子 (a) と，その近影 (b)。(いずれも愛知県岡崎市に設置されている装置)

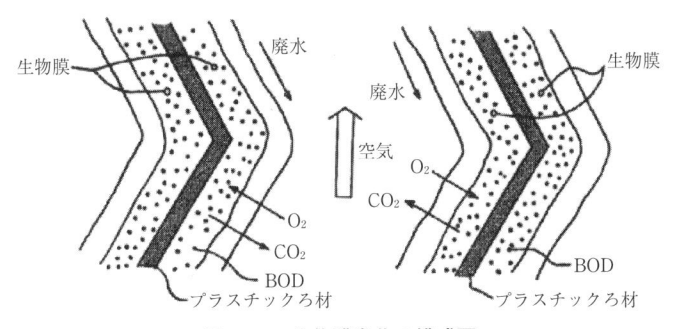

図 4.16　生物膜浄化の模式図
(洞沢勇,「生物膜法」, 思考社 (1981))

れ始めた。水生植物を利用する廃水浄化（広い意味での酸化池法）は，住民に対するアメニティの向上にもつながり，新たな発展が期待できる。

(4) 生 物 膜 法

生物膜法は細菌類を担体に付着させる方法であるので，活性汚泥法と比べて単位面積および単位体積あたりの微生物濃度を高くすることが可能であり，さらに活性汚泥法が浮遊性の微生物を利用するのに対して付着性の微生物を使うため，処理水と微生物の沈降分離操作が不要であるか，実施する場合も少ない容積で行うことが可能である。

本法は，歴史的には砕石を微生物保持担体とした散水ろ床法から始まり，担体を円板とした回転円板法，接触ろ床法などが開発された。

本法は小規模廃水処理に向いており，例えば高速道路のサービスエリアの廃水処理設備には回転円板法を採用している場合が多い。散水ろ床法の例を図 4.15 に示す。

生物膜法では，生物膜表面は好気性であり，担体に近づくにしたがって（生物膜の底の方）嫌気性となるため（図 4.16），活性汚泥法よりも窒素除去率が一般的に高い。

図 4.17 は，筆者らが使用した，硝化菌の集積密度が高くなるひも状接触材の例である。

図 4.17　ひも状接触材の例

　生物膜の担体としては，ひも状接触材をはじめ，プラスチックろ材，ラシーリング，スポンジ，セラミックスなど，目的に応じて様々のものが使用される。生物量の密度を高めることが一番大きな目的であるが，さらに，長期間劣化しないこと，作業性が良いことも重要な要素である。

　図 4.18 に各種生物膜法のフローを示す。生物膜法は付着性微生物の機能を利用するが，浮遊性微生物もかなり生息する。さらに，生物膜は，一定の期間を経ると一部が脱落して，余剰汚泥となる。脱落する理由は定かではないが，膜底部における脱窒現象が生じて，窒素によって生物膜がはがれることが多い。そのため，最終沈殿池や砂ろ過装置が必要となる。

4.2　嫌気性微生物を用いる環境改善方法

　嫌気性処理は，イギリスなどで 1900 年代から下水処理場で発生する汚泥の減量を目的として用いられ腐敗槽やイムホフタンクと呼ばれていた技術であるが，その後，撹拌方式や加温方式が採用され，生成ガスの燃料への利用技術へと進展した。

　しかし維持管理の困難性や悪臭発生などの理由から，わが国ではし尿処理以外ではあまり実用化されなかったが，後述する UASB 法（up-flow anaerobic sludge blanket）の開発や，2002 年から始まった［バイオマス・ニッポン[63]］プロジェクトのキーテクノロジーとして再び脚光を浴びている。

> [63]　関係 6 府省が提案している脱石油と炭酸ガス削減，農山村の活性化などのためにバイオマスをエネルギー資源や工業資源として利用し，新たな産業と地球温暖化防止と循環型社会形成に取り組むことを趣旨とする政策。

(1)　嫌気性処理の原理

　嫌気性処理（発酵）は，前段の酸発酵プロセスと後段のメタン発酵プロセスの 2 段階に分かれる（図 4.19）。

(1) 散水ろ床法

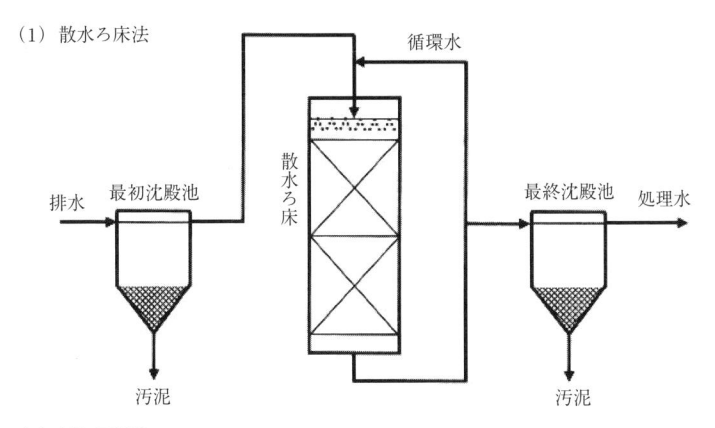

(2) 回転円板法

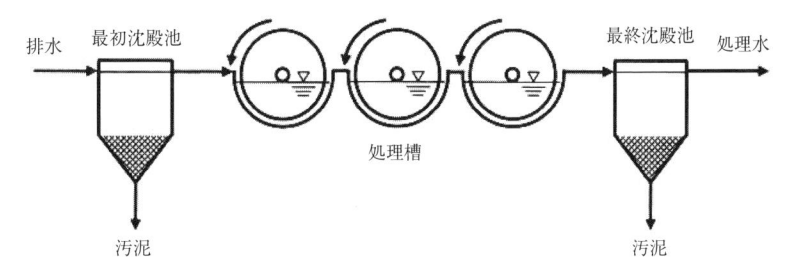

(3) 接触酸化法

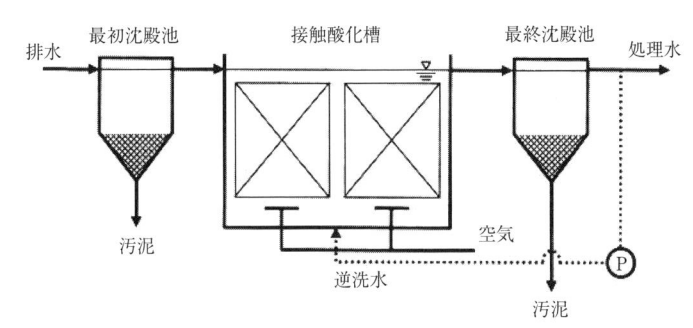

図 4.18　各種生物膜法
(清水達雄,「微生物と環境保全」, 三共出版 (2001))

　酸発酵プロセスでは, デンプンやセルロースなどの多糖類やタンパク質あるいは脂質のような高分子物質は, それぞれの物質の加水分解酵素生産従属栄養性嫌気性細菌によって単糖類やアミノ酸あるいは脂肪酸へ加水分解される。次いでこれらは酸生成菌によって利用されてギ酸, 酪酸, 酢酸, プロピオン酸などの揮発性低級脂肪酸やエタノールまたは乳酸に変換され, さらに, 酢酸生成菌によって主として酢酸に変換されまた一部は水素と二酸化炭素になる。以上の発酵プロセスを酸発酵と呼び, またこの反応に関与する代表的な細菌は *Clostridium* 属や *Propiobacterium* 属などである。

　生成した酢酸, 水素と二酸化炭素, ギ酸, メタノールは, メタン生成菌によってメタン

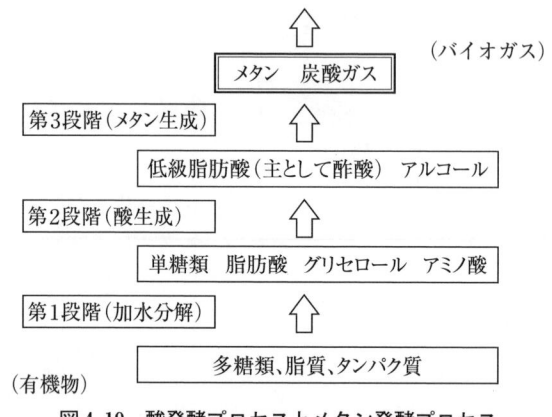

```
                    ↑ （バイオガス）
              ┌─────────────────┐
              │ メタン  炭酸ガス │
              └─────────────────┘
  ┌第3段階(メタン生成)┐   ↑
              ┌─────────────────────────────┐
              │ 低級脂肪酸(主として酢酸) アルコール │
              └─────────────────────────────┘
  ┌第2段階(酸生成)┐    ↑
              ┌───────────────────────────┐
              │ 単糖類 脂肪酸 グリセロール アミノ酸 │
              └───────────────────────────┘
  ┌第1段階(加水分解)┐  ↑
              ┌──────────────────┐
  (有機物)    │ 多糖類、脂質、タンパク質 │
              └──────────────────┘
```

図 4.19 酸発酵プロセスとメタン発酵プロセス

と二酸化炭素に変換される。これがメタン発酵である。一般にメタン発酵はメタン生成菌のみが関与する単一反応であるかのごとく誤解されており，またこのような誤解がメタン生産嫌気バイオリアクターの恒常運転や維持を困難としていることや，メタン発酵が多種類の嫌気性微生物が関与する逐次反応系であることには十分に留意すべきであろう。なお，このような逐次反応系を構成する硫酸塩還元菌とメタン生成菌の間には，反応中間代謝産物である酢酸や水素の生成と消費について共生関係が成立している。

メタン発酵による有機物からのガス生成は次式によって求められる。

$$C_aH_bO_c + \left(a - \frac{b}{4} - \frac{c}{2}\right)H_2O \longrightarrow \left(\frac{a}{2} + \frac{b}{8} - \frac{c}{4}\right)CH_4 + \left(\frac{a}{2} - \frac{b}{8} + \frac{c}{4}\right)CO_2 \quad (4\text{-}26)$$

2001年3月現在報告されているメタン生成菌は，5目9科24属85種である。メタン生成菌は，分類学上，細菌とは別のグループに分類され，アーキアと呼ばれる（古細菌あるいは始原細菌ともいう，1章1.6項参照）。なお，このグループの細菌は自然界の広範囲の環境に普遍的に存在する。

メタン発酵は中温発酵（30～35℃）もしくは高温発酵（50～55℃）で進行する。中温発酵と高温発酵ではメタン生成率は同等であって60～65%（v/v）のメタンガスと35～40%（v/v）の炭酸ガスから成るバイオガスが発生するといわれているが，メタン生成速度が異なる。

メタン発酵の最適 pH は pH 6.8～7.5 と，ややアルカリ側である。過負荷になると低級脂肪酸が蓄積するため pH が低下してメタン生成が抑制される。また逆にアンモニア性窒素が蓄積して反応系の pH がアルカリ側に大きく傾く場合もあり，このような場合にもメタン発酵は抑制される。アンモニア性窒素の発酵抑制濃度は一定ではなく，運転条件や基質の種類に左右されるが，80～1100 mg－アンモニア性窒素/L と報告されている。筆者の経験では 55℃ の高温発酵条件では 150 mg/L であった。

メタン生成菌は，絶対嫌気性であること，ならびに落射蛍光顕微鏡での観察で補酵素 F420 に起因する蛍光が認められることを特徴とする。またメタン生成菌は炭酸ガスと水

素，あるいは酢酸などからメタンを生合成するが，一般的嫌気性消化槽におけるメタン生成の 60% は酢酸に由来し，40% が炭酸ガスと水素に由来するといわれている。

なお一般には嫌気性消化やメタン発酵という語が混同されて使用されている傾向にもあるが，前者は固形物の液化プロセスだけを意味してメタン発酵は進行しない点には注意しなければならない。

さて嫌気性処理は廃水処理と廃棄物処理のいずれにも両方に用いられるが，いずれの場合も処理に要する時間が長く，滞留時間は 10〜30 日である。また汚泥濃度も高く，通常は MLSS 10,000 mg/L で，汚泥濃度を高くすることがメタン発酵を効率化するための鍵でもある。

廃水処理では嫌気菌を担体に固定化する固定床法や UASB 法[64] が多用される。固定床法では，反応に関与する微生物を担体に固定できるため，単位容積あたりの微生物保持密度が高くなり，短い滞留時間で処理能力を向上させることができる。また，UASB 法は，嫌気性菌の自己造粒能力を利用して微生物をグラニュール状にできるので，高い微生物密度を保持できるとともに，固液分離を同時に行えるため，高負荷，低滞留時間運転が可能である。しかし UASB 法のみでは現行の排水基準を満足するほどには処理水質は向上しないので，あくまで好気性処理の前処理と位置付けるほうがよい。

> [64] UASB の構成は 2 章図 2.19 に示した。

嫌気性廃棄物処理では，対象物質が畜産糞尿，生ゴミ，食品工業廃棄物，レストランやコンビニの食物残渣，汚泥（バイオソリッド）と広範囲である。さらに，発生するメタンを発電などのエネルギー供給に利用できるため，バイオエネルギーの一つとして積極的に推進され始めた。一般にメタンガス化率は，有機物量あたり 60〜65% が限界といわれているが，これはメタン発酵微生物が木質のリグニン様物質を分解できないためでありリグニンを分解できるメタン発酵微生物系が開発されれば木質からのバイオガス生産も軌道に乗ると考えられる。

バイオソリッドからのメタンガス発生率は，0.25 Nm^3/kgVS,[65] または 0.35 Nm^3/kgCOD といわれている。また生ゴミからの発生率は，0.35〜0.45 Nm^3/kgVS，牛糞 0.21 Nm^3/kgVS，豚糞 0.27 Nm^3/kgVS である。なお，ここでの COD は，二クロム酸カリウムによる分析値である。

> [65] Nm^3; 0℃, 1 気圧でのガス発生量，VS; volatile solids の略。蒸発残留物を 600℃ で 1 時間強熱し，減量した分から炭酸塩の減量分を差し引いた値を有機物量とする。

(2) 嫌気性処理装置

各種嫌気性消化法を図 4.20 に示す。素朴な腐敗槽に始まり，イムホフ槽を経て，ガスを捕集する消化槽となった。消化槽の効率を高めるために，機械攪拌やガス攪拌が付加さ

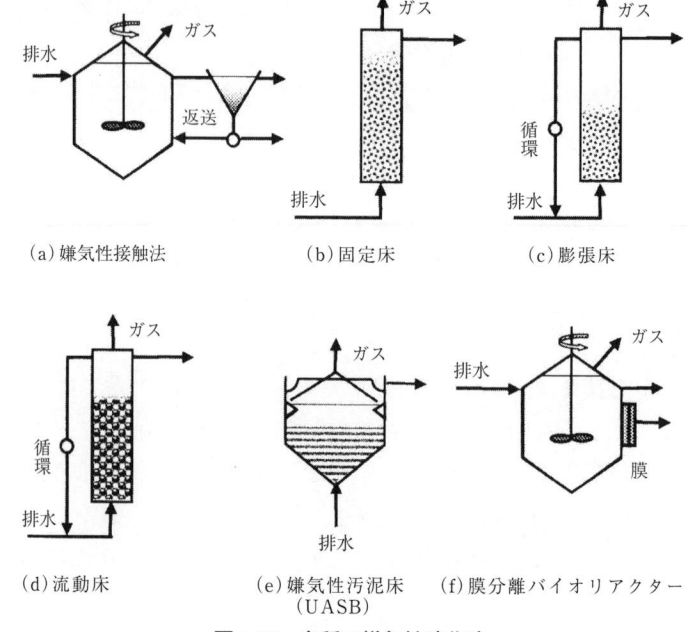

(a) 嫌気性接触法　(b) 固定床　(c) 膨張床

(d) 流動床　(e) 嫌気性汚泥床（UASB）　(f) 膜分離バイオリアクター

図 4.20　各種の嫌気性消化法
(清水達雄,「微生物と環境保全」, 三共出版 (2001))

れ高濃度有機性廃水処理に使われるようになった。その後，上向流式嫌気性ろ床法が考案された。ろ床として，プラスチックろ材や砂が用いられ，固定床，流動床，膨張床など，嫌気性微生物を固定化させた嫌気性生物膜法が研究された。UASB法は，この間に開発された方法で，ろ床に付着した生物よりもろ床の間隙にできたグラニュール状の微生物による効果が大きいことが発見され，開発につながった。現在では，このUASB法やセラミックスを担体とした固定化法がよく使われている。

なお，嫌気性消化法は原理的に酸発酵とメタン発酵の2段階に分かれるため，これに準じた2槽式発酵もある。典型的な嫌気性消化槽は卵型をしており，それを図4.21に示す。また，内部の充填ろ材の例を図4.22に示す。これは，リング状のものである。

(3) 小型合併処理浄化槽

これまでに，述べてきた各種廃水処理方法は，一般市民にとってはなじみのないものである。これに対して合併処理浄化槽は下水道の普及していない地域で利用されている方法で，比較的市民生活になじみがあり，実際に見聞きする機会も多い唯一の廃水処理方法である。

建物の建築基準に合わせて浄化槽にも基準があり，日本では財団法人日本環境整備教育センターが認定している。さまざまな形式があるが，基本は，嫌気性ろ床を前段に，後段に接触ばっ気法を採用している例が多い。一例を図4.23に示す。なお，合併処理とは，トイレからの廃水に加えて生活雑排水（台所廃水，洗濯廃水，風呂廃水）もあわせて処理できる浄化槽で，これまで，トイレ廃水だけを浄化の対象としていた単独処理浄化槽は製

図 4.21 卵型消化槽
横浜市北部汚泥処理センター（写真提供：鹿島建設株式会社）

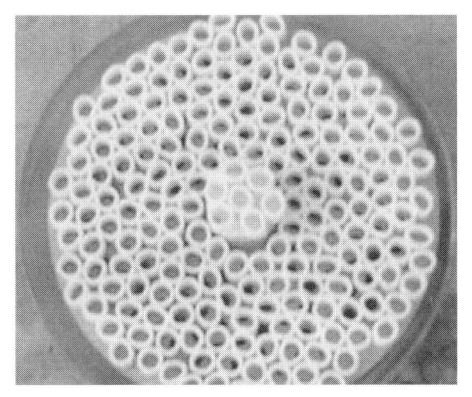

図 4.22 消化槽内部の内部のリング状充塡材

造が禁止となった。

小型合併処理浄化槽の放流水質は，BOD 10～20 mg/L，全窒素 10～20 mg/L である。

4.3 コンポスト

コンポスト（Compost）とは，「土壌を肥沃にし，改善するために使われる動植物分解物の混合体」と定義され，堆肥とも呼ばれている。従来は落ち葉やワラのような植物廃棄物，家畜糞尿などを発酵させたものをコンポストと呼んでいたが，近年は家庭ゴミや下水汚泥を原料とするものも増え，これらをすべて含めてコンポストと呼ぶようになった。

コンポストは，発酵熱によって高温状態を保ち，害虫や雑草の種並びに病原菌を不活性化させた後に農地還元するため，生化学的な性状は比較的安定している。また土壌に投入後は土壌微生物による有機物分解が進行し，この間に直接的あるいは間接的に植物への栄養分供給が進行するとともに残存する有機物によって土壌の物理性が改善される。すなわち土壌が単粒構造から団粒構造へ変化[66]する結果，通気性が向上して土地が柔らかくなり，水分保持能力が高くなる。

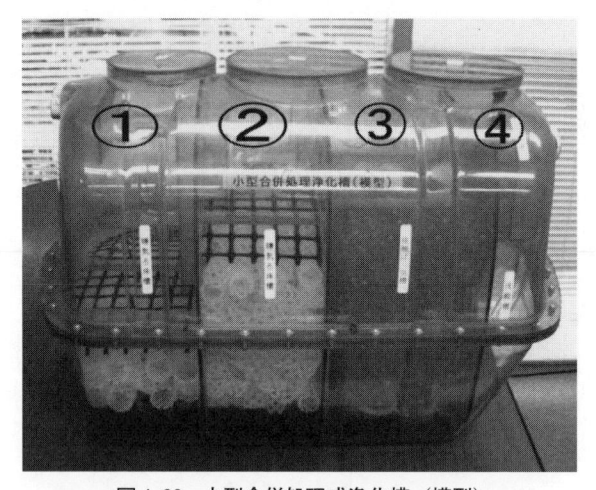

図 4.23 小型合併処理式浄化槽（模型）
①および②：嫌気的ろ床槽，③：接触ばっ気槽，④：沈殿槽
（写真提供：浄化槽システム協会）

> 66) 団粒構造と単粒構造；有機物が多く，生物活動も盛んな表層土壌に優占する構造。毛管孔げきに富み，水分保持能力が高い。典型的な団粒はミミズの糞塊である。単粒構造はこの逆である。

農地への化学肥料の大量使用や有機物の投入不足によって地力が低下し，病害虫の発生による収量の減少とそれを補完するための農薬と化学肥料の多用という悪循環が繰り返され，さらに窒素系化学肥料の大量施肥による地下水汚染も全国的な大きな問題となっている現状からして，有機肥料としてのコンポストの重要性が改めて認識されている。

(1) コンポストの原理

コンポストの原料は炭水化物，脂質，タンパク質に富み，微生物による分解を受けやすい。図 4.24 にコンポスト化過程での炭水化物分解と微生物相の変化を示す。

最初に有機物の中でも分解を受けやすい糖質が分解されるが，この時，発酵熱によって品温が次第に上昇する。その後，多糖性繊維系物質であるセルロースやヘミセルロース[67]の分解期となるが，すでに品温は一定温度にまで上昇しているので高温性の好気性細菌や放線菌が優占菌種の分解が進行し，品温は 80°C にまでに達する。このような高温の発酵熱によって病原菌や害虫が死滅し，雑草の種子が不活性化する。また水分蒸発も促進される。

> 67) セルロース，ヘミセルロース，リグニンはいずれも植物の構成成分。植物の種類，特に，草本と木本によって異なるが，セルロース 30〜60%，リグニン 10〜60%，ヘミセルロース 5〜50% が含まれている。セルロースは D-グルコースが β-1, 4 結合した長鎖状高分子。ヘミセルロースは多糖類で，グルクロノキシランやグルコマンナンが代表である。キシランは D-キシロースが β-1, 4 結合した高分子物質。リグニンは各種フェノール性物質の重合物。

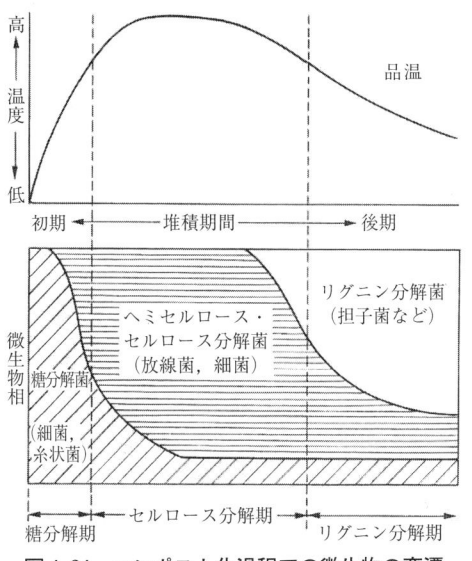

図 4.24　コンポスト化過程での微生物の変遷
（山内文男ら，TOBIN, Vol. 6, No. 31（1994））

　その後，反応の進行に伴って酸素消費量が供給量を上回り，結果的に反応系は嫌気性となって嫌気性細菌が増殖する。特に *Clostridium* 属はセルロース分解能が高く，この時期にセルロースやヘミセルロースが分解される。

　さらに分解が進行すると有機物（基質あるいは増殖栄養源）量が減少し，その結果，嫌気性細菌の活動と増殖が低下して反応熱も減少し，品温が低下する。その後，一般の好気微生物や嫌気微生物が分解できなかったリグニン[67]の分解活性をもつ担子菌が増殖し，品温がほぼ一定となって安定した有機物の固まりとなる。

　このような一連の反応を効率的に進行させるためには，適切な炭素–窒素比（C/N 比）と水分や酸素供給，ならびに温度や pH の管理が重要である。

　一般に，植物系廃棄物では C/N 比が高く（オガクズでは 80 程度にまで達する），家畜糞や汚泥の C/N 比は低い（牛糞では 15 程度）。一般的に C/N 比が 40 付近での発酵が一番進むと考えられており，そのためには C/N 比の高い廃棄物と低い廃棄物各種の対象物を混合して調製する必要がある。

　一方，水分率は 60%（w/v）程度が適当といわれており，40% 以下になると発酵は緩慢となりあるいは停止する。また家畜糞や汚泥を原料とする場合は水分率が 90% を超えるので，水分率調整と C/N 比調整を兼ねてオガクズやモミガラなどが添加される。発酵温度が高い場合には時の蒸発によって水分率が低下するので散水して水分を補うこともある。

　酸素供給は切り返し（固形発酵物の上下を入れ替えること）や攪拌あるいは通気によって行われるが，これらの操作は発酵の促進と同時に発生する臭気吸収をも目的とする。

　温度管理は特に寒冷地でのコンポスト化に重要な因子である。上にも述べたように良好

なコンポスト生産と発酵期間短縮のためには品温を 60 ℃ 以上に保つ必要がある。したがって保温や加温装置の付いた設備で反応を行うことが望ましい。

pH は 6～9 の範囲が適当である。タンパク質含有量の高い原料は発生するアンモニアによって pH が上昇する。また，発酵初期の炭水化物の加水分解時期には分解産物である低級脂肪酸によって pH が低下する。

なお脂質やタンパク質は微生物の分解を受けやすいので，これらの物質の分解は高温期までにほぼ終了する。

(2) コンポスト製造装置

古来から行われてきた野積み方式はコンポストの製造に半年以上かかり，また臭気発生も問題となる。このような理由から家畜糞尿の野積みによるコンポスト化は平成16年4月より禁止になり，また短期間でコンポストを製造でき，臭気発生対策もなされたコンポスト製造装置も開発されている。この装置として，切り返しと送気を行うロータリーキルン式や積み替えや送気を行うサイロ式，さらには攪拌と送気を行う多段塔式などがあるが，いずれも酸素供給に重点を置いている点が特徴である。また反応装置での滞留日数は数日から14日といずれもきわめて短期間である。例を図 4.25 に示す。

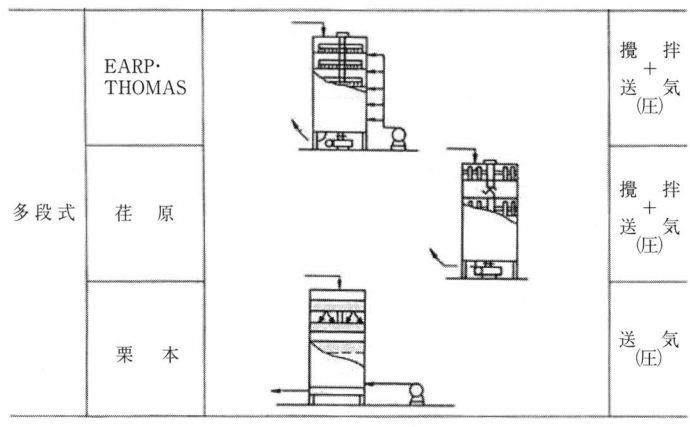

図 4.25 コンポスト化装置の例
(藤田賢二，"都市清掃"，44 巻，p. 60 (1991))

なお，高速コンポスト化のためにさまざまな微生物製剤が市販されているが，添加効果は微生物科学的には不明な点の多い製品もある。また最近は1日以内にコンポストができることを謳っている装置も市販されているが，これらは基本的に乾燥機であり微生物反応器とは言い難い。

(3) コンポストの効果

コンポストの効果は土壌の物理的化学的性質の改善や養分の供給，ならびに病害の予防と考えられている。すなわちこれらの効果は有機質が土壌に供給されることに起因し，その結果土壌への空気や水分の供給が円滑となって根の呼吸が妨げられず，したがって根や

植物体の成長が向上して病害虫への抵抗性が増加すると理解されている。さらに有機質はイオン交換能が高いためpH緩衝作用が強くなり，養分の流出も抑制される。すなわちコンポストの投与は，土壌を植物の生育に好ましい状態に改良する結果をもたらすことから，肥料取締法ではコンポストを土壌改良材として位置づけている。

しかしコンポストを肥料としての側面から見ると，各種微量元素の他にも窒素とリンが多く含まれているものの，これらとともに植物の生育に必須とされているカリウム含量が低い。さらにカリウムは溶解度が高く雨水などによって土壌から地下水へ容易に溶脱するので，肥料としてコンポストを使用する場合には注意が必要である。

またコンポストの土壌改良剤としての投与によって植物体の病害虫への抵抗性が増大する機構については上でも触れたが，そのほかにもコンポストに含まれる病害抑制物質や病害抑制微生物の存在による機構が明らかにされている。例えば *Bacillus subtilis* は広く環境中に存在し，コンポスト製造の際にも重要な役割を果たしている細菌であるが，この菌は，また芝草葉腐病の原因菌 *Rhizoctonia solani* に対する抑制菌としても知られている。事実 *Bacillus subtilis* を接種して作製したコンポストは *Rhizoctonia solani* の生育を抑制したと報告されている。これはコンポストの新たな意義を示すものであり，この点から静岡大学の中崎らは機能性コンポストの概念を提唱している。

なお一般には"完熟コンポスト"や"未熟コンポスト"という言葉を用いている場合もあるが，コンポストの成分や発酵程度は科学的に定義されたものではないので必ずしも正しい用語ではない。通常は，発酵の指標である発生炭酸ガス濃度が一定となったときやC/N比が10〜20で安定したときなどを慣習的に完熟コンポスト呼んでいる。

4.4 バイオレメディエーション
(1) バイオレメディエーションの概略

バイオレメディエーション（Bioremediation）は1990年ころから導入された比較的新しい用語と概念である。バイオレメディエーションとは文字通り生物の機能を利用した環境改善方法を意味するが，これまでに述べた生物的環境改善方法をバイオトリートメントと総称して両者は区別されるようになった。すなわちバイオトリートメントでは活性汚泥反応槽のような半永久的な構造物を作って環境改善を行うのに対し，バイオレメディエーションでは原位置（*in situ*）で環境改善を行う。また汚染土壌や地下水を掘り出したり，くみ上げたりしてその後，別途の場所に積み上げたりリアクターを用いて処理する *on-site* バイオレメディエーションも変法としている。

in situ あるいは *on site* のいずれのバイオレメディエーションにおいても対象物質が1種類から数種類に限定されていることが特徴であり，そのような点からもこれまで述べてきた微生物を用いる有機性汚濁物質全般を対象とする環境改善法（バイオトリートメント）とは区別される。したがってバイオレメディエーションでは特定の対象物質を分解する能力をもつ特異的な微生物を活性を維持しながら増殖させ，さらには活性を制御するこ

とに主眼がある。

バイオレメディエーションが注目を浴びるようになった原因は湾岸戦争とソ連の崩壊であろう。湾岸戦争では原油が大量に流出して紅海が封鎖されたが，イリノイ大学が開発した原油分解菌を散布して優れた成果を上げた。一方，ソ連の崩壊に伴う軍事基地の返還に伴って，さまざまな化学物質で汚染された軍事基地内の土壌や地下水を修復する必要が生じ，化学物質分解微生物を用いる化学物質汚染地帯の修復が研究され始めた。

したがってバイオレメディエーション技術が対象とする物質は，微生物が分解可能な物質に限定されるのであって，環境汚染物質のすべてが対象になるわけではない。さらに汚染サイトの地質学的特性にも大きく左右される。

汚染物質の生物による分解性（生分解性）からバイオレメディエーションの適用が可能な物質を以下に例示する。

i) 石油系炭化水素

バイオレメディエーションは1970年代にアメリカで石油パイプから漏れた石油の浄化方法として使用されてきたものであるので石油系炭化水素処理に適用した例が最も多い。具体的には原油，ガソリン，ベンゼン，トルエン，エチルキシレン，キシレン（benzen, toluene, ethylxylene, および xylene のはじめの文字から BTEX と略称される）さらにナフタレンやフェナントレンに代表される多環芳香族炭化水素（poly-aromatic hydrocarbons：PAHs）やラッカーやペンキなどこれらを含む物質も対象となる。

石油系炭化水素は単独での汚染は少ないため，汚染サイトの状態から DNAPL（Dense Nonaqueous Phase Liquid, 重非水液），LNAPL（Less Dense Nonaqueous Phase Liquid），そして NAPL（Nonaqueous Phase Liquid, 非水液）と分ける場合も多い。DNAPL は石油系物質で重度に汚染された状態をいう。

ii) ハロゲン化物質

トリクロロエチレン，テトラクロロエチレンによる汚染が脂肪族ハロゲン化物質汚染の典型的な例である。これらの物質はドライクリーニングや集積回路などの洗浄剤や溶媒として広く用いられている。また芳香族ハロゲン化物質であるペンタクロロフェノールなどを含む溶剤，農薬（殺虫剤，除草剤），防腐剤，PCB やダイオキシンが対象となる。またアメリカでは，ロケットや爆弾の固体燃料である過塩素酸塩も対象となっている。

iii) ニトロ化合物

トリニトロトルエンはじめ，火薬，爆薬あるいは固体燃料に関する物質である。

(2) **バイオレメディエーションの原理**

自然界で有機化合物が微生物によって分解される場合，二つのケースが考えられる。その一つは有機化合物が炭素源およびエネルギー源として微生物に利用されるケースである。このような微生物による資化による分解の場合には微生物の増殖と連動して有機化合物の分解が起こる。二つめは共代謝（コメタボリズム）と呼ばれる分解である。これは分解が増殖とは関連しない場合で，化合物の毒性が高い場合にしばしば生じる。

有機化合物の微生物分解に先立って，化合物が微生物分解を受けない期間が存在する。これは，その汚染環境への微生物の順応期間であり，この期間の後に分解活性が発現される。この原因として，① 汚染原因化合物による選択圧がかかって本来から存在していたが細胞数が少なかった分解菌を含む微生物集団（コンソシア）が次第に優勢となる機構や，② 有機化合物の存在による分解酵素の誘導が起こる機構，あるいは，③ 集団の中で一定頻度で出現する変異株が分解能を獲得したり，ある種から他の種へ遺伝子が水平伝搬して分解能を獲得する機構が考えられる。

(3) 化合物の構造と微生物分解性

有機化合物は脂肪族化合物と芳香族化合物に大別されるが，一般に高分子になるほど分解されにくい傾向がある。

特に好気性微生物による有機化合物の分解経路は詳細に研究されているが，例えば脂肪族化合物の n-アルカンは，炭素鎖の末端のメチル基が酸化されてアルコール，アルデヒド，および脂肪酸へ分解され，その後，β 酸化[68]を経て代謝される。しかし β 位がメチル基で置換された脂肪族炭化水素では β 酸化が阻害される。

> 68) β 酸化については3章3.3項ならびに脚注42)を参照。

また芳香族ではベンゼン環のいずれかの炭素（通常は，1位または2位）に水酸基が導入された後，カテコールとなって開環し，代謝される。

脂肪族化合物あるいは芳香族化合物のいずれも，ハロゲン基，アミド基，ニトロ基，スルフォン基，メチル基が導入されると分解されにくくなる。一方，水酸基，カルボキシル基，エステル基などが置換されていると一般的に分解性は増加する。

ビフェニールは易分解性であるが，塩素基が導入されたPCBは難分解であり，さらに塩素基の置換数が多いほど難分解である。

すなわち親水性が高いほど易分解性であり，微生物が難分解性物質を分解するためにはいかにして微生物がその物質の親水性を高めるかがキーポイントとなる。

他方，微生物分解による有機化合物の分解は，有機化合物の無毒化でもある。無毒化（分解）は，複数の微生物酵素が関与する反応で進行し，最終的に有機化合物分子の炭素元素は炭酸ガスに酸化され，あるいはその他の廃代謝産物として排出される。

このような反応の例としてフェノールの分解酵素と遺伝子群を図4.26に示す。フェノール分解活性を獲得した微生物では一般に，クレゾール，アミノフェノール，クロロフェノールなどのフェノール類の分解活性も上昇する。詳細は省略するが，同様にテトラクロロエチレンの分解活性を獲得した微生物は，他の多くの脂肪族系塩素化炭化水素を脱塩素化する。

なお分解中間産物の毒性が出発物質のそれよりも高くなる現象がしばしば見られる。この現象は活性化と呼ばれるが，テトラクロロエチレン（パークレン，PCE）やトリクロロエチレン（トリクレン，TCE[69]）の嫌気的脱塩素化に伴うシス1,2ジクロロエチレン

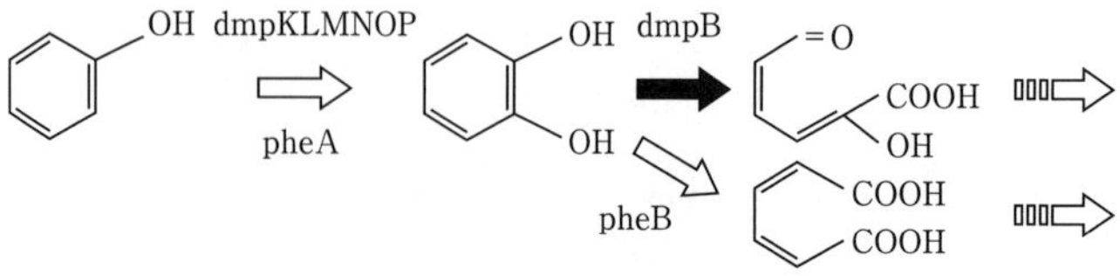

図 4.26 フェノール分解遺伝子群
(児玉徹他,「地球をまもる小さな生き物たち」, 技報堂出版 (1995))

(cis-dichloeoethylene：cDCE) と塩化ビニルの高毒性中間産物の生成が最も典型的な例であろう. 活性化は, 特に部分的脱ハロゲン化やエポキシ化などで生じる場合が多い.

> 69) テトラクロロエチレンとトリクロロエチレンのいずれもドライクリーニング, 一般金属や電子部品などの洗浄剤として頻用される. それぞれの環境基準は 0.01 mg/L と 0.03 mg/L.

(4) 地下水・土壌汚染の機構

2002 年時点での土壌・地下水の汚染箇所は, アメリカで 200 万箇所, EU で 180 万箇所と推定されており, わが国でも 44 万箇所にのぼると推定されているが, 特にわが国においては 2003 年の土壌汚染対策法の施行にともなって, バイオレメディエーション技術の実用化研究が盛んである.

バイオレメディエーションには大きく分けて二つの方法がある. 一つはバイオスティミュレーションと呼ばれる方法で, 汚染サイトの修復対象物質 (汚染原因物質) の分解活性をもつ微生物の数 (量) を増やし, 全体的な活性を増大 (スティミュレーション) して汚染の浄化を図る方法である. 他のひとつはバイオオーギュメンテーションと呼ばれ, 汚染サイトに対象物質 (汚染原因物質) 分解活性をもつ微生物を外部から注入 (オーギュメンテーション) する方法である.

環境省の資料によると, 日本における地下水汚染の主要な原因物質は PCE, TCE, cDCE, 硝酸性窒素と亜硝酸性窒素, ヒ素である. 先にもふれたが PCE, TCE および cDCE はドライクリーニングや電子部品製造工場での洗浄剤として頻用されており, 汚染原因物質としては同種同系統と位置付けられる. なお cDCE は, PCE や TCE の土壌環境ならびに地下水環境での嫌気的分解産物あるいはその中間体であり, cDCE そのものを大量に使用することはほとんどない. また硝酸性窒素と亜硝酸性窒素を原因物質とする汚染の多くは, 大量のアンモニア性肥料の使用と家畜糞尿に起因するものである.

以下においては PCE ならびに TCE を例に汚染の拡散態様について説明する. 図 4.27 に, PCE や TCE による汚染のメカニズムを示す. 汚染源となる, ドライクリーニングの機械や貯蔵のためのドラム缶などから汚染原因物質 (PCE や TCE) が漏出すると, これらの物質の水への溶解度は約 150 mg/L と低いものの比重が高いために, 降雨などとともに地下水系へ移行し, 地下水流とともに拡散する. 地下水系の下部には粘土層などの不透

テトラクロロエチレン　　トリクロロエチレン
　　（PCE）　　　　　　　（TCE）

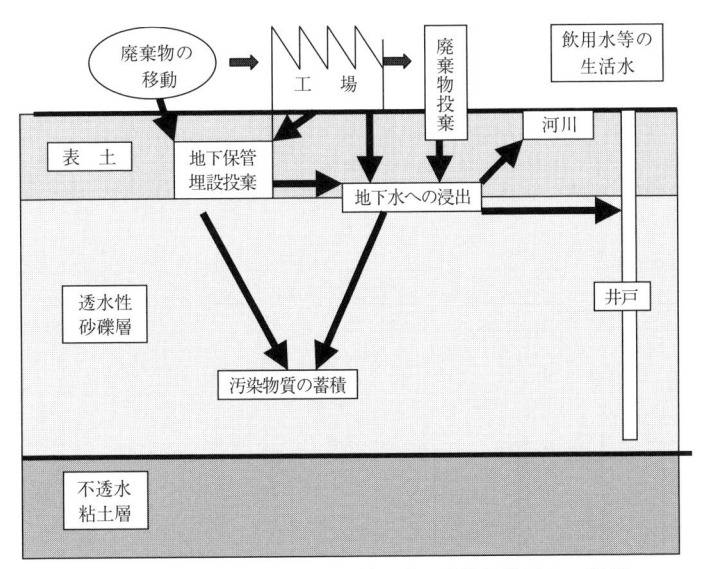

図 4.27　PCE や TCE による地下水・土壌汚染発生の機構

水層があるので，地下水系以下の深部に汚染は拡大せず，不飽和透水層に沿って進む。地下水の流速は早い個所でも 2〜3 m/day（通常は 10〜20 cm/day）であり，したがって汚染の拡散は緩やかである。さらに地下水が地表面からどの程度の深さにあるかも汚染拡散速度に影響を与え，地下水位が深いほど汚染が地下水に到達するためには時間を必要とする。このように汚染は非常に緩やかに拡散するので，汚染源の特定が困難になる場合も多い。

(5) 化学的・物理的レメディエーション

汚染が狭い範囲に限定され，しかも汚染原因物質濃度が高い場合には化学的・物理的レメディエーションが採用され，土壌ガス吸引法や地下水揚水法が用いられる。土壌ガス吸引法は，汚染物質の揮発性を利用して地下水位より上部に存在する汚染物質を強制的に吸引除去する方法である。具体的には汚染サイトをボーリングして吸引井戸を設置し，真空ポンプで吸引井戸を減圧して気化した汚染物質を地上に設置した活性炭吸着塔で吸着除去する。また地下水揚水法は地下水をポンプで地上に揚水し，揚水した地下水をばっ気して気化した汚染原因物質を活性炭に吸着する方法である。

汚染原因物質が汚染サイトからさらに拡散することを防ぐために，矢板を打ち込んだり下流側にバリア井戸を設けるなどした後に汚染土壌を掘り出して薬剤による化学分解を行

うこともある（オフサイトレメディエーション）。この場合，土壌中で安定的に高濃度で存在し，かつ二次汚染の恐れがほとんどない過マンガン酸カリウムを化学分解の薬剤として使用することが多い。

汚染が広範囲でしかも低濃度の場合には，バイオレメディエーションが最適の方法である。

(6) バイオスティミュレーション

地下水汚染のバイオスティミュレーションの模式図を図4.28に示すが，地下水系の上流側に微生物を活性化させる栄養物や酸素あるいはメタンガスなどを導入する注入井戸を掘削設置する。栄養物などは地下水系に乗って汚染箇所に達し，微生物を活性化して汚染物質の分解を促進し，また汚染物質の分解が不十分な汚染地下水は回収井戸で汲み上げて，栄養物などとともに再び注入井戸から注入する。このようにバイオスティミュレーションは，汚染原因物質を循環させながら操作を繰り返し，長期間かけて安価に環境汚染を修復する技術である。

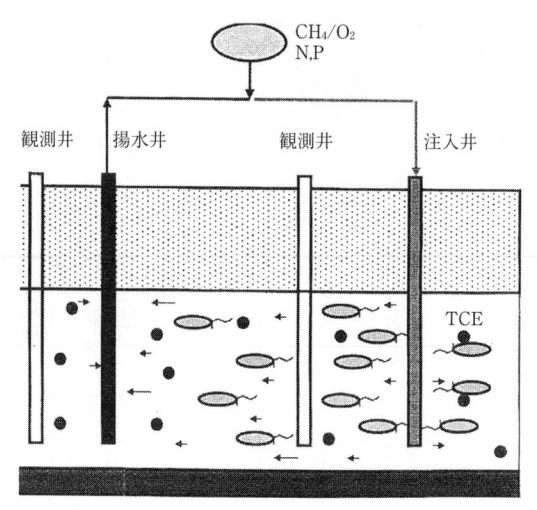

図4.28 バイオレメディエーションの模式図
（北川政美，「地球環境」，(2000)）

バイオスティミュレーションの実施例は欧米諸国では数多く見られるが，わが国ではほとんどなく，わずかに千葉県君津市でRITEが行った例など数例が見られるのみである。RITEの実施結果を図4.29に示し，また東京大学の矢木が行った例を図4.30に示す。M株はメタン資化性のトリクロロエチレン分解菌であるが，この菌のトリクロロエチレン分解経路を図4.31に示した。M株を導入して酸素とメタンを注入すると，M株の増殖に伴ってトリクロロエチレンが分解されることがよくわかる。さらにメタンと酸素の注入停止後しばらくは残存するM株によるトリクロロエチレン分解は継続するが，その後はM株の死滅とともに再びトリクロロエチレン濃度が上昇する。この結果からもM株の効果がよくわかる（図4.32，図4.33）。

これらの結果からもわかるようにバイオスティミュレーションが達成されるためには，

(a)

(b)

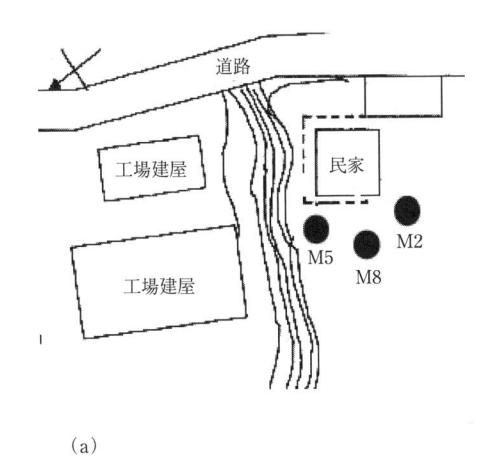

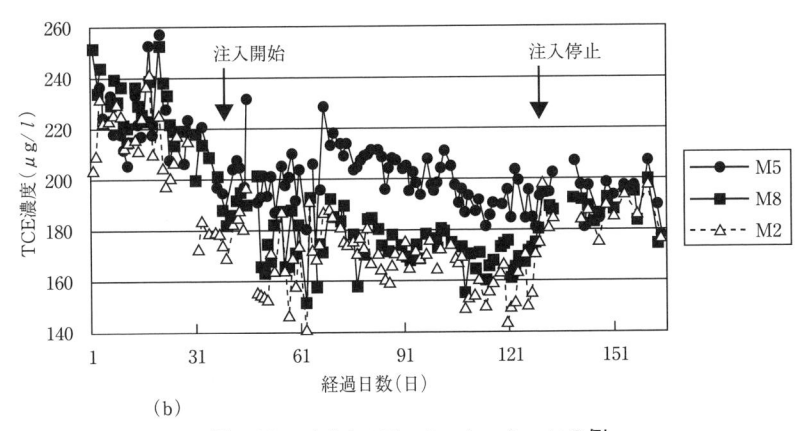

図 4.29 バイオスティミュレーションの例
(北川政美,「地球環境」(2000))

① 対象汚染物質（汚染原因物質）を分解する微生物が存在すること，② それらの微生物を活性化できる栄養物などが適切であること，③ 修復中に中間産物などによる高毒性物質が生成しないこと，④ 規制濃度以下に修復できること，⑤ 修復後には微生物生態系が復帰して安全性が保証されること，などが重要である．

なお分解微生物の存在の確認と，修復期間中およびその後の微生物の運命のモニタリングのために DGGE 法[70]や DNA マイクロアレイ[71]など分子生物学的手法が研究されている．

> 70) DGGE 法は Denaturing Gradient Gel Electrophoresis の略で変性剤濃度勾配ゲル電気泳動法と訳される．同一の長さの DNA をその塩基配列の違いから分離する手法．16SrDNA の PCR 断片を解析することで微生物群集のプロフィールを知ることができる．1本のバンドは1種の微生物に対応し，バンド強度はその種の優先性を示す．したがってバンドパターンは微生物群集構造を反映する．

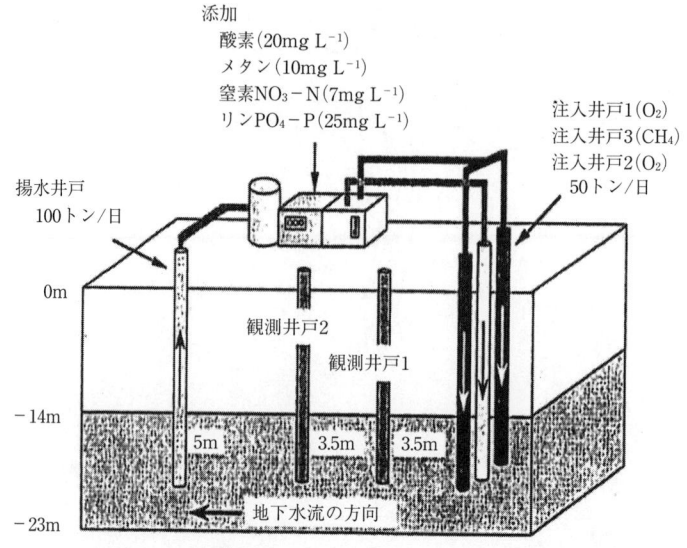

図4.30 原位置バイオオーギュメンテーションの例
(矢木修身,「環境科学会誌」(1999))

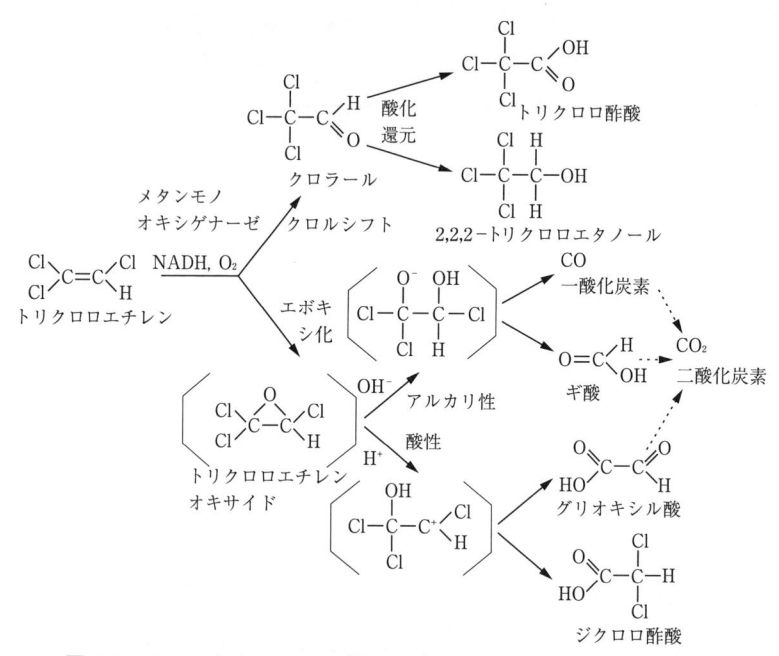

図4.31 *Methylocystis* sp.M 株によるトリクロロエチレンの分解経路
(矢木修身, 岩崎一弘,「水環境学会誌」(1992))

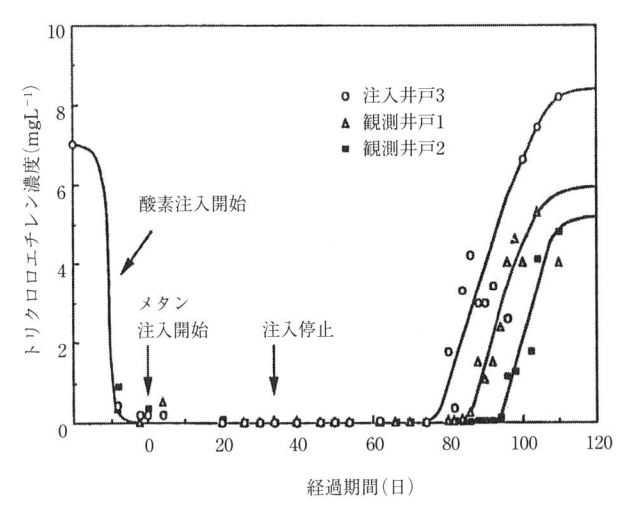

図 4.32 トリクロロエチレン濃度の変化
（矢木修身，「環境科学会誌」(1999)）

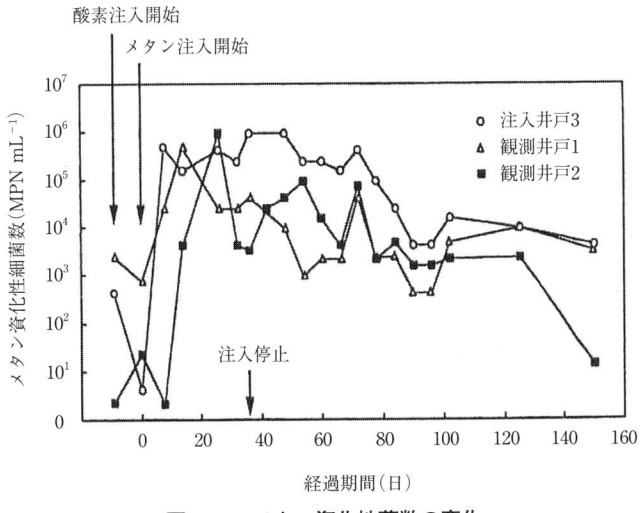

図 4.33 メタン資化性菌数の変化
（矢木修身，「環境科学会誌」(1999)）

> 71) 小さな基盤（スライドグラス）上に微小な間隔でたくさん（数千種まで可能）のDNAを規則正しく固定化する。そこに解析対象とする土などからDNAを抽出し，蛍光ラベルした特異的プライマーを用いてPCRで増幅した後，基盤上に乗せ，ハイブリダイズさせる。その後，スキャナーで蛍光強度を測定し，蛍光を発するものが目的とするDNAを含んでいると判断できる。筆者の研究では，18種類のPCE分解菌のマイクロアレイが出来ている。

また汚染原因物質の分解反応が資化性に基づくのかあるいは共代謝によるのかを判断し

て栄養物質を決定しなければならない。バイオスティミュレーションが始められた当初は糖類やアルコールあるいは低級脂肪酸などの速やかに微生物に利用される物質が炭素源あるいは電子供与体として利用されたが，現在は多様な物質を栄養物質として利用することが可能であり，メタノール，ショ糖，ブドウ糖，モラセス[72]，ポリ乳酸，食用油，ステアリン酸などが使用されている。無機塩としてはアンモニア性窒素やリン酸などが用いられる。

> [72] 廃糖蜜とも言う。サトウキビやサトウダイコンから砂糖を取り出した残りの液。糖分が高く，かつ窒素やリンなど栄養塩が豊富なので，微生物の培地などによく使用される。

他方，透水性浄化壁を用いる方法も知られている。透水性浄化壁は地下水系の一部に微生物固定化材を充塡した水透過性の壁を作り，微生物生息密度を高めた後に集中的に栄養物を導入して修復をはかる方法である。その例を図 4.34 に示す。

また図 4.35 には透水性浄化壁とバイオスティミュレーションを組み合わせた硝酸汚染地下水の修復例を示す。

図 4.35 には浄化壁および栄養物としてそれぞれ鉄粉とポリ乳酸を用い，鉄粉の酸化にともなって派生する電子によってポリ乳酸を加水分解して乳酸とし，さらにこの乳酸を炭素源として硝酸還元菌による脱窒作用を行わせる例を示した。500 日の運転で，地下水中の硝酸濃度が環境基準以下まで下がったことが良くわかる[73]。

> [73] 各務原台地の地下水汚染，岐阜市郊外の各務原市にある台地で，ニンジンの生産地として有名である。昭和 55 年から作物をニンジンとして大量施肥によって生産量を上げてきた。しかし，その結果各務原市が上水道源として利用してきた地下水が著しく硝酸性窒素によって汚染された。その機構は，作物に吸収されずに残ったアンモニア性窒素が降雨によって徐々に土壌に浸透し，その間，酸化されて硝酸性窒素となって地下水に侵入した。この修復プロジェクトが岐阜県，各務原市，岐阜大学，岐阜薬科大学を中心につくられ，汚染の低減化に成功した。このプロジェクトは，水研究のノーベル賞といわれるストックホルム水賞を受賞した。しかし，未だに汚染濃度の高いプルーム（汚染の固まり）が存在し，修復対象となっている。

(7) バイオオーギュメンテーション

この方法はバイオスティミュレーションが適用困難な場合，すなわち対象汚染物質（汚染原因物質）分解微生物が存在しない場合，あるいは存在しても活性化できない場合に用いられる。注入井戸に別途に培養した微生物を導入する点がバイオスティミュレーションとは異なる。米国では四塩化炭素汚染地帯の修復例で，四塩化炭素分解菌 *Pseudomonas stutzeri* KC 株とそのコンソシアを注入してバイオオーギュメンテーションを行っている。

なお，タンカー座礁による原油汚染に際して，諸外国ではしばしば原油分解菌と栄養物が散布されて著しい効果を上げているが，これもバイオオーギュメンテーションの一法と

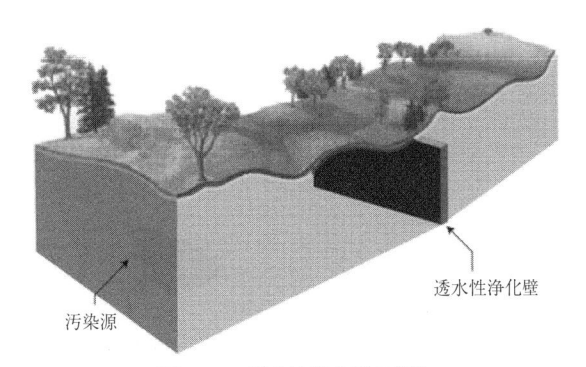

図 4.34 透水性浄化壁の概念
(Environmental Technologie Inc.)

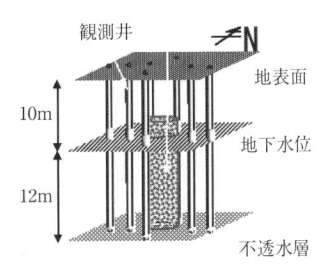

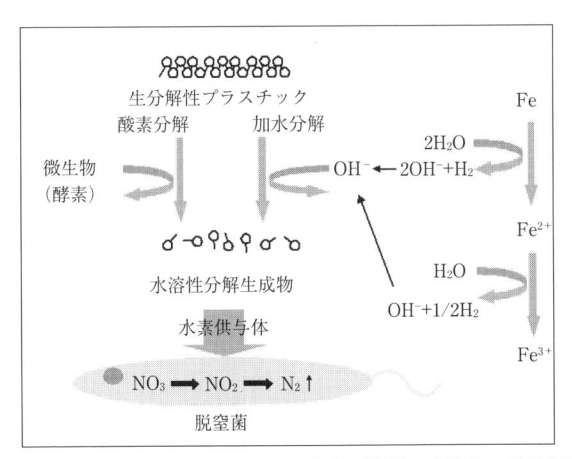

図 4.35 透過性浄化壁を用いた硝酸汚染地下水修復の概念図
(福島敬道,「日本地下水学会」(1999, 2002))

位置付けられる。

なお紙面の都合から本章では取りあげなかったが,植物を用いる環境修復をファイトレメディエーションと呼び,重金属汚染地帯の修復でしばしば行われている。例えばアブラナ科の植物のように重金属を積極的に取り込む植物に土壌中の重金属を取り込ませ,その後,植物を刈り取り回収して焼却し,重金属の回収と土壌の浄化をはかるものである。ま

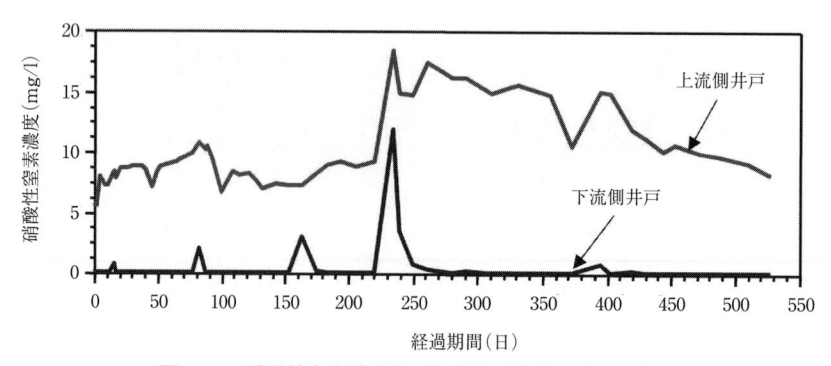

図 4.36 透過性浄化壁を用いた硝酸汚染地下水修復結果
(福島敬道,「地下水・土壌汚染とその防止対策に関する研究集会」(2002))

た微生物遺伝子を植物に組換えて有機化合物分解能力を持たせたりする研究も盛んであり, これから期待できる技術である.

　本章の執筆に当たり, 全般的に参考にした成書は, 生物化学工学 (第2版) (合葉修一ら著, 東京大学出版), 生物化学工学―反応速度論― (合葉修一, 永井史郎著, 科学技術社), 生物反応工学 (第2版) (山根恒夫著, 産業図書), 微生物による環境制御・管理技術マニュアル (環境技術研究会), 廃水処理工学 (メトカルフ・アンド・エディ社, 泰流社), 水質工学 (合田健編, 丸善), 廃棄物のバイオコンバージョン (矢田美恵子ら著, 知人書院), 水処理工学 (井出哲夫編, 技報堂出版), 微生物と環境保全 (清水達雄ら著, 三共出版), 地球をまもる小さな生き物たち (児玉徹ら編, 技報堂出版) である.

5 さまざまな分野での微生物機能の応用

　これまで3章の一部や4章などで環境保全や環境修復の分野における微生物利用の理論と技術について述べてきたが，微生物の利用が環境分野だけにとどまるものではないことは当然である。

　本書のはじめでも述べたように，それを科学として認識しているか否かにかかわらず微生物の利用は醸造とも呼ばれる発酵食料や発酵飲料の製造に端を発しているとの観点からすれば微生物利用技術の基本は物質生産にあり，その後の科学知識の深化や技術改良によって微生物利用技術はさまざまな分野で応用されるに至ったと理解すべきであろう。

　本章では醸造による発酵食飲料生産や環境分野以外の分野での微生物利用について紹介し，あわせて微生物を効率的に利用する目的で開発された微生物細胞の固定化技術について説明する。

5.1　医薬品分野における微生物の応用

　医薬品分野における微生物機能の最も代表的な例は抗生物質の生産であろう。抗生物質 (antibiotics) は，他種の微生物の増殖を阻害する微生物由来の低分子量有機物質であり，1章でも述べたように，前世紀半ばのフレミング (A. Fleming) やワクスマン (S. Waksman) によるペニシリンやストレプトマイシンの発見が科学的認識の始まりと考えられている。

　その後も今日にいたるまで，*Streptomyces* 属を中心とする多くの放線菌に抗生物質生産能のあることが知られ，またさまざまな抗生物質の発見も相次いでいるが，残念ながら"なぜ微生物が抗生物質を作る必然性があるのか"という微生物生理学的問題は未だ十分には解決されていない。

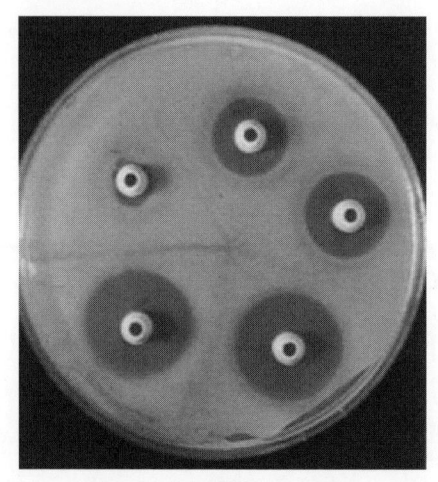

図5.1 抗生物質の力価検定

ペトリ皿に入れた固形培地表面に，材質や容量などの定められている円筒（カップ）を置き，その中に力価（対象微生物の増殖を阻害する程度）を測定しようとする抗生物質の水溶液を入れる。カップ中の水溶液濃度に比例して抗生物質はカップ周囲の寒天培地に拡散浸透する。他方，あらかじめ固形培地表面全体には対象微生物を接種してあるので，培養すると抗生物質濃度に依存してカップ周囲に対象微生物の増殖できない部分（これを阻止円という）が出現する。その大きさ（直径）から抗生物質の増殖阻害効果（力価）を算出する。

他方，抗生物質生合成機構や作用発現機構の微生物化学的研究の成果はめざましく，現在はその成果を基に抗生物質は以下のようないくつかのグループに大別されている。

(1) 微生物の細胞壁の合成を阻害する抗生物質

この群の抗生物質は微生物，特に細菌の細胞壁合成を阻害する。例えばペニシリン類やセファロスポリンなどの抗生物質は，β-ラクタム環という4員環構造をもつことからβ-ラクタム系抗生物質として分類され，細菌細胞壁の主要成分であるムコペプチド（ペプチドグリカン）の合成酵素トランスペプチダーゼ（transpeptidase）活性を阻害する。

またバンコマイシン（vancomycin）やバシトラシン（bacitracin）などは，その分子内にペプチド構造をもつことからペプチド系抗生物質に分類され，細菌細胞壁合成の材料や前駆物質の細胞内への取り込みを阻害する。

さらにアミノ酸誘導体であるシクロセリン（cycloserine）は，その構造が細胞壁の主要成分であるムコペプチドに存在するD-アラニンに類似しているので細胞壁合成時に誤って取り込まれ，結果的に細胞壁の構築を不可能にする。

この群の抗生物質は，増殖中で細胞壁合成のさかんな細菌には有効であるが，増殖の微弱な細胞[74]では細胞壁合成も微弱であるので効果が発現しにくいことが特徴である。

> [74] 代謝活性はもっているが増殖がきわめて緩慢な細胞や，あるいは呼吸のみを行ってまったく増殖していない細胞を，休止菌（resting cells）という。

(2) タンパク質の合成を阻害する抗生物質

ストレプトマイシンやカナマイシン（kanamycin）などのアミノ配糖系抗生物質，お

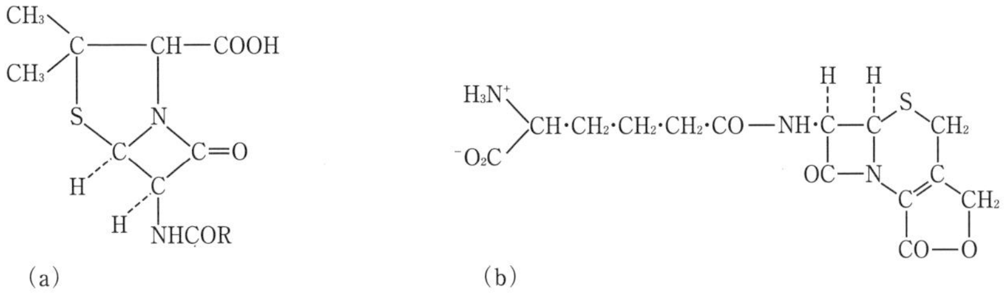

図5.2 βラクタム系抗生物質の構造
(a) ペニシリン類，R：$-CH_2C_6H_5$ など，(b) セファロスポリン

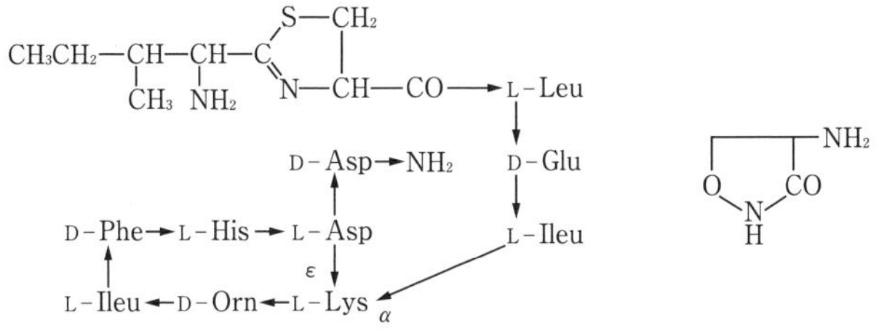

図5.3 ペプチド系抗生物質とD-アミノ酸類似抗生物質の例
(a) バシトラシン（ペプチド系抗生物質），(b) シクロセリン（D-アミノ酸類似抗生物質）

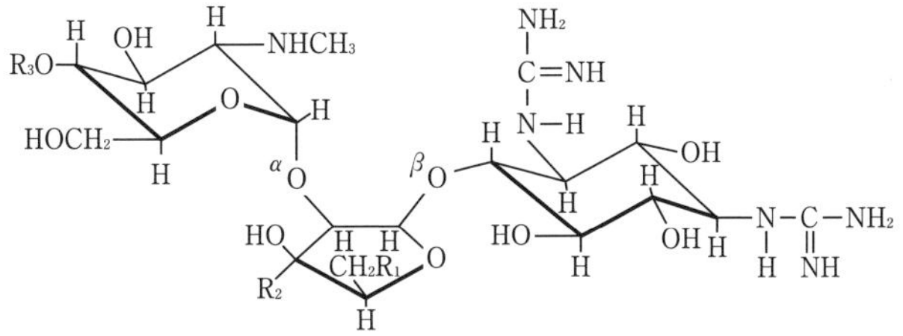

図5.4 ストレプトマイシンの構造
R_1：$-H$ あるいは $-Cl$，R_2：$-H$ あるいは $-OH$，R_3：$-H$ あるいは $-OH$，R_4：$-H$ あるいは $-CH_3$。

およびクロラムフェニコール（chroramphenicol）やテトラサイクリン（tetracycline）などの抗生物質は，微生物のタンパク質合成を阻害することで抗菌効果を発現する。

タンパク質の生合成は，(i) 開始反応，すなわち遺伝子（DNA）がもつ情報を写しとった（転写した）伝達RNA（mRNA）がリボゾーム（ribosome）に結合する反応，(ii) ペプチド鎖伸張反応，すなわちmRNAがもつ塩基配列情報にしたがってアミノ酸が重合しペプチド鎖が伸張する反応，および (iii) 終了反応，すなわち伸張が終了したペプチド鎖がリボゾームから遊離する反応からなる三段階反応を経るが[75]，これらの抗生物質はリボゾームに結合していずれの反応をも阻害する。

> 75) 転写，翻訳ならびにタンパク質鎖の伸長については後の「第六章　微生物の遺伝子と遺伝子操作」で詳しく述べる。

リボゾームの大きさや構造は，細菌などの原核微生物と酵母や糸状菌などの真核微生物では異なり，前者は50S[76]サブユニットと30Sサブユニットが会合した70Sの粒子であるが，後者は60Sサブユニットと40Sサブユニットが会合した80Sの粒子である。

> 76) 沈降係数の単位。この係数の提唱者であるズドベリ（Svedberg）にちなんでズドベリ定数といわれ，アルファベット大文字のSで表記される。$S=(1-\nu\rho)M/N_A f$ で与えられる。ν：無限希釈状態における溶質の偏比容，ρ：溶媒密度，M：溶質の分子量，N_A：アボガドロ数，f：溶質濃度ゼロにおける溶質の摩擦係数。

上記の抗生物質は，30Sサブユニットに特異的に結合して30Sサブユニットと50Sサブユニットの会合を崩壊させる。したがって，この群の抗生物質は原核微生物にのみ効果を発現し，真核微生物にはまったく，あるいはほとんど作用しない特徴を有する。

(3) 核酸の合成や重合化を阻害する抗生物質

フォルマイシン（formycin）類やツベルシジン（tubercidin）あるいはトヨカマイシン（toyokamycin）などの核酸類似抗生物質は，その構造がプリン塩基やピリミジン塩基などの核酸塩基に類似しているので微生物自身のDNAやRNAの合成や重合化に際して誤って取り込まれ，その微生物細胞の増殖を阻害する。

この群の抗生物質は，原核微生物や真核微生物にかぎらず広く動植物細胞に作用するが，動物個体に対する毒性も強いので臨床的治療に用いられることは少ない。

(4) その他の抗生物質

これら以外にもさまざまな作用機序の抗生物質が知られているが，例えばアンフォテリシン（amphotericin）は，その分子中に数個の二重結合をもつポリエン系抗生物質で，真核微生物の細胞膜に作用して細胞内への物質の取り込みを阻害するが，原核微生物の細胞膜には作用しない。またグラミシジン（gramicidin）は，細胞の酸化的リン酸化に作用してエネルギー代謝を阻害する。しかし毒性が高く，医学的および臨床薬学的には用いられない。

このようにさまざまな抗生物質が放線菌を中心とする微生物によって生産されるが，それではなぜこれらの抗生物質が生産菌自身の増殖を阻害しないのか，という問題は長く未解決であった。

今日もなお，この問題が明確に説明されたとはいえないが，おおよそ図5.8に模式的に示すように考えられている。

すなわちそのひとつは，ある抗生物質を生産する微生物は，抗菌活性のある物質（活性型物質）を分泌するのではなく，不活性型あるいは活性型の前駆物質を分泌し，細胞外に分泌された後にこれらが生物化学的に修飾されて活性型に変化すると考える説である。さ

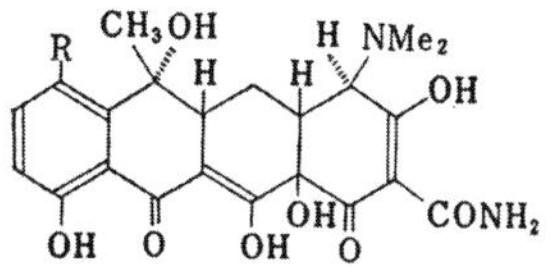

図 5.5 テトラサイクリン系抗生物質の構造
R: −CHO あるいは −CH$_2$OH

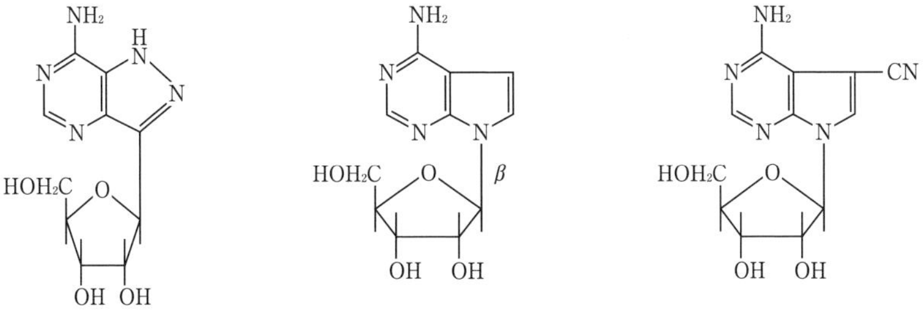

(a) (b) (c)

図 5.6 核酸類似抗生物質の構造
(a) フォルマイシン　(b) ツベルシジン　(c) トヨカマイシン

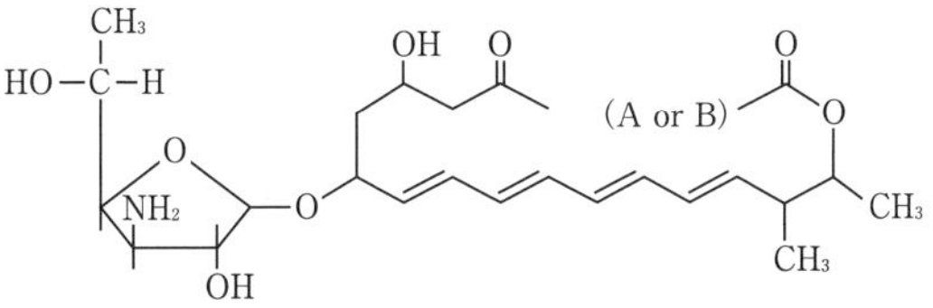

図 5.7 アンフォテリシンの構造
A: C$_{11}$H$_{18-20}$O$_5$,　B: C$_{10-11}$H$_{18-20}$O$_{60}$

らにこの説では,修飾された活性型物質は生産菌の細胞壁外側に吸着する性質を獲得し,生産菌細胞内へ浸透することができないので生産菌は増殖阻害を受けないと考える。

また第二の説は上記の第一の説と同様であるが,輸送タンパク質の関与から説明しようとするものである。すなわち,微生物細胞内から細胞外への物質の分泌や,細胞外から細胞内への物質の能動的輸送は,細胞膜に存在する輸送タンパク質の関与によって行われる(1章参照)。したがって不活性型物質あるいは前駆物質の分泌も輸送タンパク質が関与して進行するが,細胞外で生物化学的に修飾された活性型物質は輸送タンパク質に結合できない立体構造となり,結果的に細胞内へ浸透しないと考える。

さらに第三の説では,不活性型および活性型のいずれも細胞外と細胞内を自由に出入りするが生産菌細胞内には活性型を分解する酵素が存在するので,生産菌は増殖を阻害されないと考える。事実,ペニシリン生産菌からペニシリンを分解する酵素(ペニシリナーゼ,

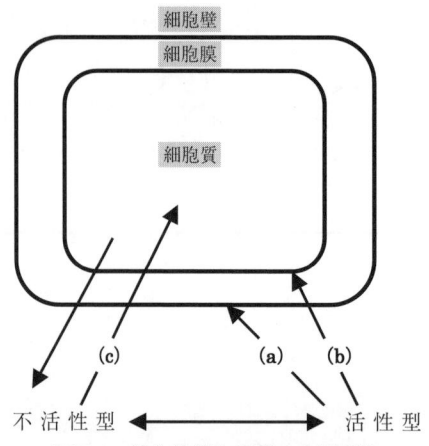

図5.8 抗生物質生産菌の自己耐性

なぜ抗生物質生産菌は自身の作り出した抗生物質によって死滅しないのか、という問題に対する明確な答えは未だ知られてはいないが、おおよそ以下のように理解されている。抗生物質は不活性型として生産菌細胞外に分泌された後、細胞外で活性型に変換される。その後、(a) および (b) に示すように、活性型抗生物質は生産菌の細胞壁や細胞膜に吸着されるために、あるいは活性型抗生物質は立体障害のために細胞膜上の輸送タンパク質と結合できないので細胞内部へ入り込めず、結果的に作用は発現されない。したがって細胞内部には不活性型だけが入り込むことが可能であり (c)、作用は発現されない。さらに図には示さないが、生産菌内部には活性型抗生物質を特異的に分解する酵素が存在し、細胞内に混入した抗生物質を分解して作用発現を不可能とするとも理解されている。

penicillinase) が精製されており、またある抗生物質によって増殖が阻害される微生物（感受性菌）を抗菌効果の発現しない程度の低濃度の抗生物質にさらすと、この抗生物質を分解する酵素が誘導されて結果的に抗菌効果は消滅する（耐性菌の出現）。

以上から、現在はこれら三つの説で示唆される機構が相乗的に働いて生産菌への抗菌効果発現が抑制され、自己耐性機構が成立すると考えられている。

5.2 超微量測定における微生物の応用

微生物細胞自体や微生物細胞成分を利用し、免疫反応の原理に基づいて超微量物質を測定することも可能である。

ある種の伝染病に一度罹ると二度と同じ病気には罹らない現象は古くから経験的に知られていた。その後、伝染病の原因となる病原微生物や病原ウイルス[77]の微細構造と微生物科学的特性が明らかにされて、このような現象の原理が免疫（immune）によるものであると認識されるようになった。

> 77) ウイルスについては後の章で詳しく述べる。

免疫の最も基本的な原理と概念は、オーストラリアの微生物学者バーネット（F. Burnet: 1899～）によって提唱された"自己と非自己の識別"という考え方である。

バーネットは、人間をはじめとする動物には、自分（自己）と自分以外のもの（非自己）とを区別する機構が存在すると説明した。例えば病原微生物や病原ウイルスなどの病

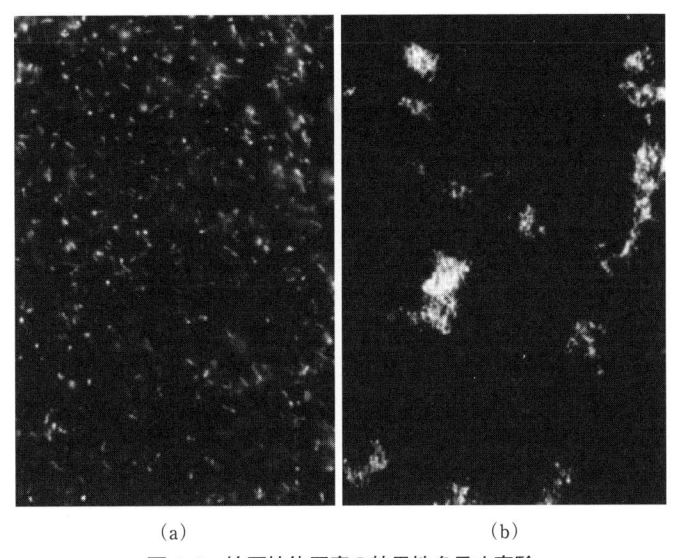

(a) (b)
図 5.9 抗原抗体反応の特異性を示す実験
(a) 大腸菌の細胞壁を抗原として作製した抗体（抗大腸菌細胞壁抗体）を枯草菌浮遊液に加えても変化は観察されないが，(b) この抗体を大腸菌浮遊液に加えると抗原抗体反応がおきて大腸菌は凝集する。

原体による感染症では，宿主（人間）が自己であり，病原体が非自己である。したがって宿主である人間は非自己である病原体を識別して排除しようとする。これが"免疫の成立"である。

自己と非自己を識別する道具を抗体（antibody: Ab と略記される）と呼び，病原体のように抗体によって識別される対象を抗原（antigen: Ag と略記される）と呼ぶ。なお病原体を構成するタンパク質や核酸のように，多種類の低分子量物質が重合して高分子となっている物質であるなら抗原として作用することができるのであって，抗原という特別な化学構造をもつ物質が存在するわけではない。

ではアミノ酸や核酸塩基が重合した物質はすべて抗原なのであろうか。原則として同一種のアミノ酸や核酸塩基の重合体や，化学構造の類似した単糖が重合した多糖類などは抗原とはならず，特徴的で複雑な立体構造の重合体のみが抗原として作用する。このような特有で複雑な構造を抗原決定基という。

抗原が動物体内にはいると，抗原決定基の化学的構造および立体的構造にあわせて抗体が作られる[78]。つまり抗体は，その抗原に特徴的な構造を識別しているにほかならない。このことから抗体と抗原の関係は，酵素と基質の特異性（基質特異性）と同様に，鍵と鍵穴の関係にたとえられるが，基質特異性に比べて格段に厳密である。

> [78] 人工的に抗体を作る場合は，抗原をウサギ皮内に注射する方法が一般的である。

ある抗原に対する抗体は，その抗原と強く結合する。これを抗原抗体反応という。例え

ば図5.9に示すように，大腸菌（*Eschelichia coli*）の細胞壁を抗原として作った抗体（これを抗大腸菌細胞壁抗体：anti-*Eschelichia coli* cell wall-antibodyという）の溶液の中に大腸菌を入れると，大腸菌細胞の周囲に抗体が結合して細胞は凝集する。しかし同じ細菌類であっても枯草菌（*Bacillus subtilis*）細胞を抗大腸菌抗体溶液に入れても抗原抗体反応は起きず，枯草菌細胞は溶液中に分散したままである。

　このような抗原抗体反応の特異性は抗体の構造によるものである。図5.10に抗体の模式的構造を示した。抗体の基本構造はアルファベット大文字のYに類似した形であり，L鎖（light chain）およびH鎖（heavy chain）と呼ばれる2本のペプチド鎖がジスルフィド結合している。

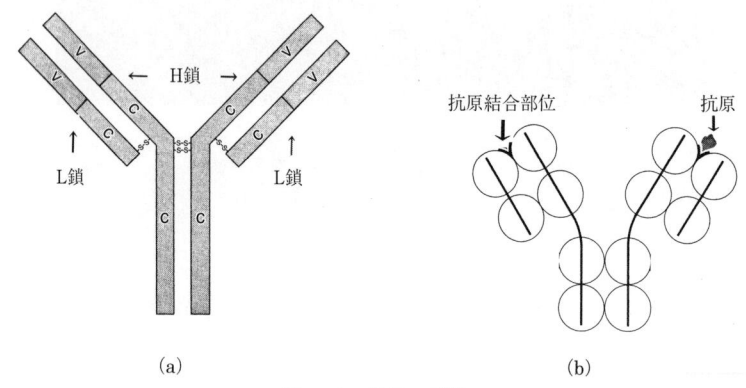

図5.10　抗体の構造

抗体は4本のペプチド鎖から構成され，全体的な形は英語大文字のYに似ている（図（a）を参照）。そのうちの2本のペプチド鎖は他の2本のペプチド鎖より長いのでH鎖（heavy chain: 重い鎖）と呼ばれ，残りの2本はL鎖（light chain: 軽い鎖）と呼ばれる。これら4本のペプチド鎖はシステインに由来するジスルフィド結合で連結している。また抗原は抗体分子の先端に存在する抗原結合部位に結合するが（図（b）を参照）。抗原結合部位は抗原に応じて構造を変化させるので可変領域といい（図（a）で "v"（variable region）と表記した部分），またこれ以外の部位は基本的に抗原に依存する構造変化を伴わないので定常領域という（図（a）で "c"（constant region）と表記した部分）。

　L鎖とH鎖のN末端は空間的に接近しており，概念的には抗原の化学的および立体的構造に応じて特異的"くぼみ"を形作っていて，このくぼみに抗原が結合すると理解される。したがって抗体のこの部分の構造は抗原によって異なり，可変部（variable region）と呼ばれ，L鎖およびH鎖の可変部はV_LおよびV_Hと表記される。

　他方，L鎖とH鎖のC末端は，抗原の構造に関係なく抗体に共通の構造である。したがってこの部分を定常部（constant region）といい，C_LおよびC_Hと表記される。

　さて，このようなきわめて特異的な抗原抗体反応を利用して超微量物質の測定を行うことができる。

　図5.11に示すように抗原Aと抗原Bが混在すると，抗A抗体は抗原Aとのみ結合する。しかしこのままの状態では抗原と抗体の結合物を肉眼で観察することはできず，結合物の量を数量化して測定することもできない。

　他方，あらかじめ抗体を可視物質（マーカー）で標識しておくなら，抗体と結合したマ

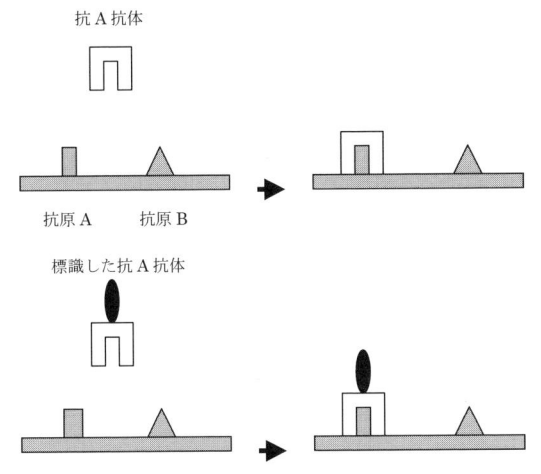

図 5.11 免疫測定法の原理

上段の図のように抗原 A と抗原 B の混合系に抗 A 抗体を作用させると，この抗体は抗原 A のみと結合するが，そのままでは抗原抗体結合物の量を知ることはできない。しかし下段の図のように抗体をあらかじめ可視的マーカーで標識しておくと，マーカーの量から結合物の量を知ることができ，抗原 A の量を推定することができる。

ーカーの量から結合物の量を推定することが可能である。可視物質として発色性酵素[79]や蛍光色素あるいは放射性同位元素が用いられることが多く，それぞれ酵素標識免疫測定法 (enzyme immunoassay：EIA)，蛍光標識免疫測定法 (fluorescein immunoassay：FIA)，あるいは放射性同位元素標識免疫測定法 (radio immunoassay：RIA) と呼ばれる。

> [79] 反応によって呈色物質を生成する酵素。パーオキシダーゼ (peroxidase) が最も一般的である。パーオキシダーゼは過酸化水素を酸素と水とに分解する反応を触媒するが，反応液に鉄イオンが存在すると赤褐色に呈色する。

免疫標識測定法にはさまざまな変法があるが，図 5.12 に代表的な酵素標識免疫測定法であるサンドイッチ法の原理を示した。

この方法では，まず測定しようとする物質（物質 A）に対する抗体（抗 A 抗体）をガラスビーズやプラスチック板などの担体表面に固定化する（固定化については本章で後述する）。すなわち物質 A は測定対象物質であると同時に免疫的には抗原でもある。

次いで測定対象物質である A とそれ以外の夾雑物質を含む試料液を固定化抗体と接触させると，試料液中の物質 A のみが固定化抗体と反応して結合する。すなわち抗原抗体反応の特異性を利用して，測定対象物質 A と夾雑物質からなる混合液の中から，A のみを識別する。

この後，発色酵素で標識した抗 A 抗体（酵素標識抗 A 抗体）を加えると，すでに固定化 A 抗体と結合物を形成している物質 A はさらに酵素標識抗 A 抗体とも抗原抗体結合物を形成し，結局，これら三者は固定化担体表面に連なって存在することとなる。すなわち

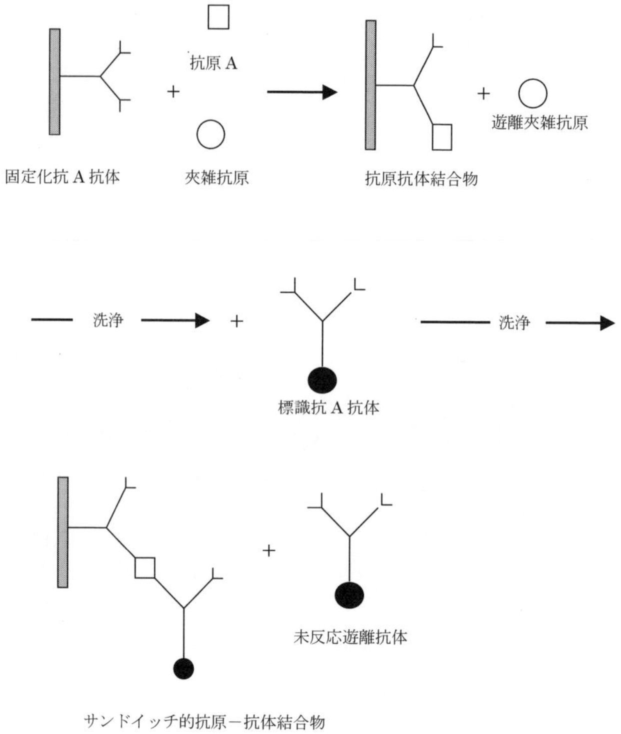

図 5.12 サンドイッチ法の原理

測定対象物質（抗原）に対する抗体を固定化すると，試料中に測定対象物質以外の夾雑物質が混在していても抗原抗体反応によって測定対象物質のみが固定化抗体と反応する。この系にさらに酵素などで標識した抗体を加えると，測定対象物質は固定化抗体と標識抗体に挟み込まれる。測定対象物質の量は，発色程度や放射能の強さから推定される標識物質の量に比例するので，洗浄してB/F分離した後に適当な方法で標識物質量を測定することから対象物質量を推定できる。なお標識抗体も抗A抗体であることはいうまでもない。

固定化抗体と酵素標識抗体で測定対象物質Aを挟み込むので，この方法をサンドイッチ法と呼ぶ。

固定化担体表面の抗原抗体結合物（固定化抗体－物質A－酵素標識抗体）を bound 相（B相）と呼び，結合物を形成していない相を free 相（F相）と呼ぶが，上記の反応後に担体を洗浄してB/F分離を行って固定化担体に抗原抗体複合物のみを残す。

その後，固定化担体に残った抗原抗体結合物の酵素標識抗体に由来する酵素活性を測定し，呈色の程度から物質Aの量を算出する。

本書の執筆者である菊池らが，この方法によって食品中の大腸菌数を測定した結果を図5.13に例示したが，当該食品の抽出液あるいは破壊物懸濁液1ミリリットル当たり十数細胞を検出することができ，極めて高感度での測定が可能であった。さらに一般的な寒天平板培地による培養検出が48時間程度の祖規定時間を要するのに対して，本法は2時間以内での測定が可能であった。

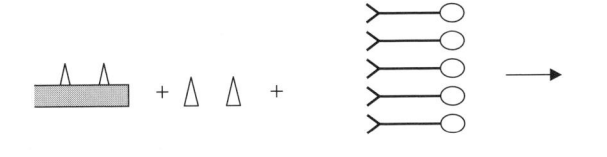

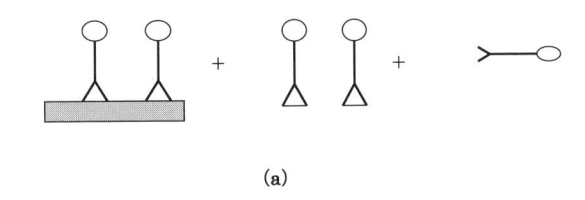

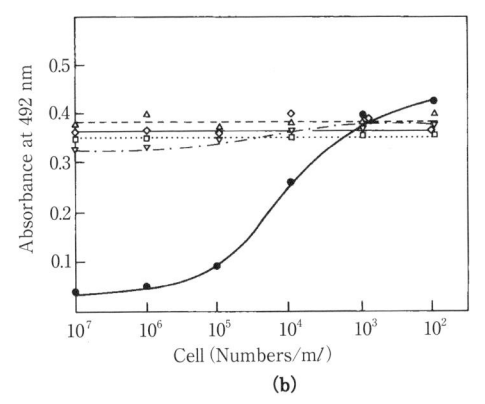

図 5.13 酵素標識抗体法（サンドイッチ法）による試料中の大腸菌の測定

(a) 抗原（大腸菌細胞壁）を専用のプラスチック容器のウェルに固定化した後，ウェルに試料溶液（大腸菌細胞を含む）と一定量のパーオキシダーゼ（発色酵素）標識抗大腸菌細胞壁抗体をウェルに入れ，30分間放置して抗原抗体反応を行う。水洗後にウェルにパーオキシダーゼ発色基質を入れ，発色の程度をあらかじめ作成しておいた検量線と比較して試料中の大腸菌数を知る。この方法では固定化大腸菌細胞壁と試料液中の大腸菌細胞との間で抗体の取り合い（競合）が起きるので，試料液中の菌数が多いと固定化抗原と結合する抗体量は少なくなり，結果的に発色の程度は低くなる。△：担体に固定化された大腸菌細胞壁あるいは試料液中の大腸菌細胞，⊶○：パーオキシダーゼ標識抗大腸菌細胞壁抗体

(b) 以上の操作による実際の測定結果。1ミリリットル当たり数十細胞の大腸菌が存在すれば検出可能であり，また従来の寒天平板法による培養検出に比較してわずか数時間で操作を完了することができる。

5.3　発酵食品工業分野における微生物の利用：特にビール工業の場合

紀元前3千年も以前の古代メソポタミアや古代エジプト文明の壁画に経験的なビール醸造やパン製造などを中心とする発酵食品生産の様子が描かれていることはよく知られているが，微生物の科学的特性が十分に理解されたことから，発酵食品ばかりではなく有機酸類や前述の抗生物質をはじめとする医薬品原料あるいは燃料電池の気相として利用可能な

水素の生産など広範な工業分野で微生物が利用されている。

このように現代の微生物利用工業は，従来の重化学工業では困難であったきわめて高純度の"高付加価値希少物質の生産"を特徴とすることに留意すべきであろう。

また近年は人々の求める嗜好品の多様化に伴って物質生産態様も変化しつつあり，例えば各地に見られるミニブルワリー（小規模ビール醸造工場）のように"単一品質製品の大量生産"から"複数品質の少量生産"へと移行していることも微生物利用工業の特徴のひとつである。

本項ではビール製造を例に，前半には嗜好性の高い食品生産の実際について紹介し，また後半では製造工程で排出される有機廃棄物のエネルギー化と資源化の例を解説する。

(1) アルコール飲料としてのビール生産の基本的流れ

ビールは麦芽とホップを主原料とし，米やトウモロコシなどのデンプン質を副原料とする酵母発酵で生産される。

麦芽はビール製造の中心原料であり，一般的には大麦を発芽させたものが用いられる。麦芽はビール生産に関与する酵母の炭素源であるばかりではなく，発芽過程で生成する多種類の酵素群を有しているので酵素源としての役割をもち，製品（ビール）の香味や色調に大きな影響を与える。

またホップはアサ（麻）科に属する植物であり，未受精雌株の毬花中にあるルプリンと呼ばれる顆粒成分はビールへの苦味や芳香の付与の役割をもつほか，ビールの泡持ちや清澄性あるいは抗菌性などを改善する役割も果たす。

さらに副原料としてコーンスターチや米を使用してビールに"滑らかさ"を付与する場合もある。一般に副原料は，その土地で安定的に供給できるデンプン原料や糖であることが多い。なおわが国では法律によって，副原料を麦芽重量の50％未満とする場合をビールと呼び，副原料を50％以上使用した場合は発泡酒として分類されている。

さてビール生産の第一行程は大麦から麦芽を製造する製麦工程であり，収穫した大麦穀粒を水に浸漬して発芽させた後，熱風で焙燥麦芽とする。

次いで麦芽を粉砕して水を加え，40℃から70℃の温度環境下で麦芽プロテアーゼや麦芽アミラーゼで麦芽のタンパク質やデンプンを単糖類（グルコース，マルトース），二糖類（シュークロースなど）や三糖類（マルトトリオースなど），あるいはアミノ酸や低分子ペプチドに分解し，酵母による資化の促進を図る。この工程は仕込みと呼ばれる。

仕込みの後，さらにホップを添加して煮沸して酵素の失活と殺菌ならびにホップに由来する苦味成分（イソα酸）の付与を行う。

さらに最終工程としての酵母による発酵を行う。ビール生産に用いる酵母 *Saccharomyces cerevisiae* は慣習的にビール酵母と称されているが，他の飲用アルコールやパンの製造に用いられる *S. cerevisiae* と本質的には同じで，分類学上は代表的なエタノール発酵酵母である *Saccharomyces cerevisiae* の亜種に属する。ビール酵母の顕微鏡写真を図5.14に示した。

(a) (b)

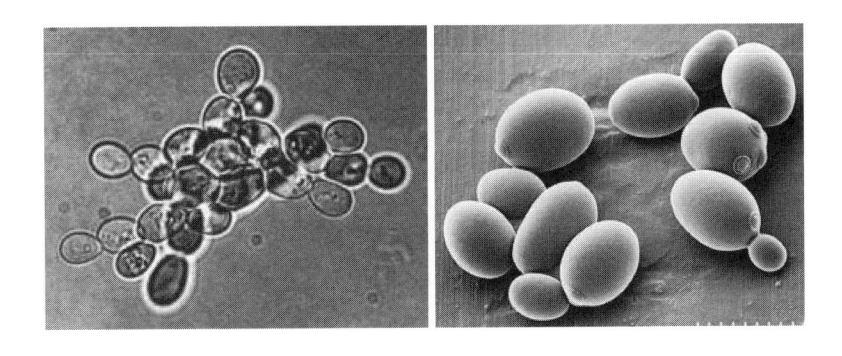

図 5.14　ビール酵母（*Saccharomyces cerevisiae*）の光学顕微鏡写真（a）と電子顕微鏡写真（b）
(サッポロビール株式会社提供)

図 5.15　シリンドロコニカルタンク
(サッポロビール株式会社提供)

　日本をはじめドイツやアメリカで使用されている主要なビール酵母は発酵終了時に凝集して反応槽（発酵槽）底部に沈殿するので下面発酵酵母（ラガー酵母）と呼ばれており，醸造されたビールもラガービール（下面発酵ビール）と称されている。他方，イギリスを中心として使用されているビール酵母は発酵終了時にも浮遊するので，上面発酵酵母（エール酵母）と呼ばれており，醸造されたビールもエールビール（上面発酵ビール）と称されている。

　さてビール酵母を添加した後，まずシリンドロコニカルタンク（円筒逆円錐型反応槽）で発酵が行われる。酵母はタンク中の麦汁成分と酸素を消費して約 1 日間，好気呼吸して増殖するが，2 日目以後は酸素枯渇状態になるので増殖はほとんど停止し，嫌気環境下での発酵過程に変化する。この過程，すなわち酵母が資化可能な麦汁成分をほぼ消費するまで約 7 日間を要するが，この期間を前発酵と呼ぶ。図 5.16 に前発酵中の麦汁の状態変化を示した。

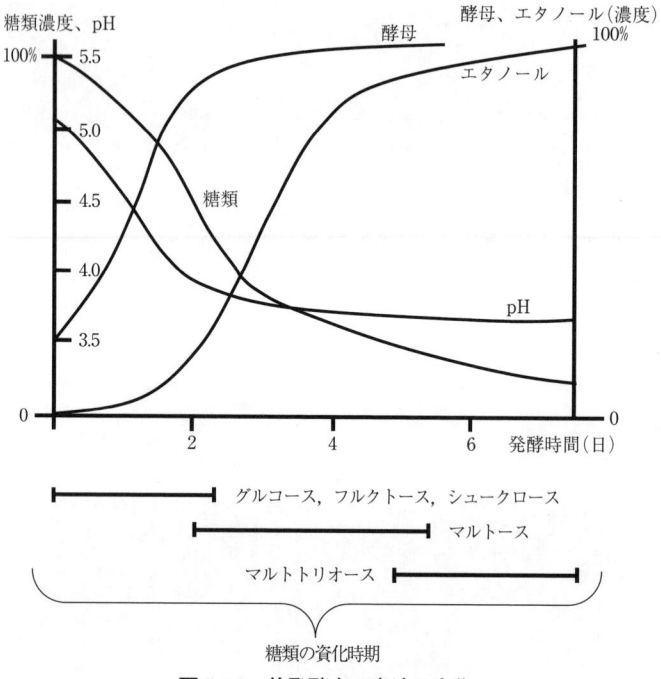

図 5.16　前発酵中の麦汁の変化

前発酵開始後 0～1 日間は酵母の増殖が活発であり，2～7 日間は酵母の増殖は活発ではないがエタノールを大量に生成する。したがって少糖類や含窒素化合物の濃度は 6 日目まで漸次的に低下し，また pH も 5.5 付近から 4.2 付近にまで低下する。また発酵初期にはグルコースやフルクトースなどの単糖が優先的に資化され，それらが消費されるとシュークロースやマルトースの二糖類が資化され，最終的にマルトトリオースなどの三糖類が資化される。

　前発酵はビール発酵の中心工程であるが，この段階のビールは若ビールと呼ばれており，ビール本来の香味にはまだ至っていない。そのため，後発酵と称する数十日間の熟成期間を設ける必要がある。
　また先にも述べたように前発酵終了時には大半の酵母は凝集沈殿するのでタンクの下部にある取り出し口から酵母細胞を除去した後，熟成を目的とする工程となるが，これを後発酵という。
　前発酵で生成する物質の中にはビールに良い香味を付与するだけではなく，雑味や不快臭などをもたらすものもある。このように悪影響を及ぼす代表的な物質としてアルデヒド，ジアセチル，硫化水素などであり，前発酵終了時の若ビールではこれらの化合物濃度が高い。特にジアセチルはビールに不快臭を与える物質として知られており，またヒトによる閾値（その物質の存在を認識できる最低物質濃度）が 0.1 ppm と低いので，若ビールの官能検査ではしばしばジアセチルが感知される。そのためジアセチルはビール熟成の指標とされることが多い。
　なおジアセチルの生成は，ビール酵母がバリンを生合成する際の中間代謝産物として細胞外に漏出することに起因するが，後発酵の間に液中に浮遊している酵母は再びジアセチ

図 5.17 バリン生合成経路

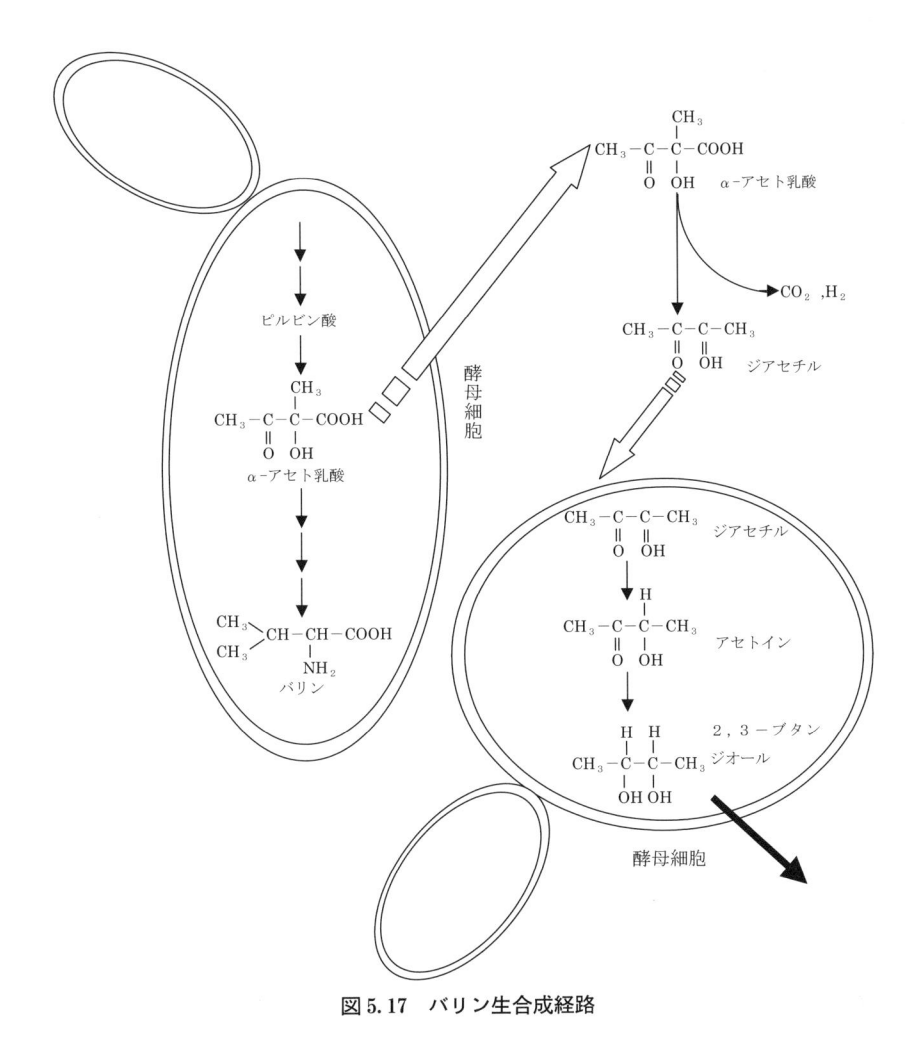

ルを細胞内へ取り込んで図 5.17 に示すバリン合成経路上に乗せてアセトインや 2,3-ブタンジオールなどの無味無臭化合物へ変換される。

ところがジアセチルの前駆体である α-アセト乳酸もまた酵母から漏出して若ビール中に存在し，長時間の間に酸化的脱炭酸されて次第にジアセチルに変換される。このように生成されてジアセチルもまた後発酵で酵母細胞内に取り込まれてバリン合成経路に乗せられる無味無臭化される。これらの理由から後発酵には数十日間以上の長期間を必要とする。

後発酵終了液（ビール）には，低濃度の酵母菌体あるいは変性タンパク質やホップ残渣樹脂などの有機性固形浮遊物が存在するので，ろ過工程によりこれらを取り除いて清澄化する。

ろ過工程は二段階で行われる。第一段階は珪藻土を利用するろ過であり，大部分の酵母や固形有機物が除去される。このろ過の後にビールを低温滅菌（65℃，30 分間[80]）した後に製品化したビールを熱処理ビールという。また珪藻土によるろ過の後にさらにセラミ

ックフィルターやメンブランフィルターなどで精密ろ過を行う場合もあり，この方法では酵母が完全に除かれるので熱処理の必要はない。さらに熱処理ビールとは異なって，発酵過程で酵母が分泌する酵素類は活性を保持したままであり，生ビールと称されて市場に流通している。現在，日本では製品ビール中に占める生ビールの割合が非常に高い。

> 80) このように低温で長時間にわたって滅菌する方法を，オートクレーブによる高圧蒸気滅菌と区別して低温滅菌といい，高圧や高熱での変性を防止するために食品の滅菌に頻用される。この滅菌方法の開発者であるパスツールにちなんでパスツリゼーション（pasteurization）ともいう。

(2) ビール工業廃棄物処理における微生物の利用

近年，地球温暖化や産業廃棄物処理場の飽和限界などの環境問題が深刻化しており，この状況に対応して食品業界においても廃棄物のゼロエミッション化を目指した廃棄物の減量やリサイクルに関する試験研究が重要な課題となっているが

前述のようにビール製造工場からは高濃度の水溶性有機物や水溶性窒素化合物を含む膨大な量の排水，麦芽の殻皮やホップ粕などの有機固形物をはじめ発酵過程で生成する二酸化炭素が発生するが，現在は排水は工場内の嫌気処理槽および活性汚泥槽で処理してBODやCODを基準値以下まで低下させた後に下水道等へ放流し，あるいは有機固形物は家畜飼料としての利用が主流であるが，これらを微生物によって発酵分解し，電気エネルギーと炭素粒子へ変換しようとする試みもなされている

図5.19にビール産業廃棄物を利用した発電と再資源化のダイアグラムを示した。このシステムの第1段階反応は微生物の嫌気発酵による排水からのメタンガスの生成であるが，メタンガスは単一の微生物により生成されるのではなく，さまざまな微生物群が関与する連鎖で生成される。

すなわち排水固形物中の多糖類やタンパク質などの高分子有機物は加水分解細菌によって少糖類や単糖あるいはペプチドやアミノ酸などの低分子物質に分解される。これらの低分子有機物は有機酸生成菌の作用によって酢酸，乳酸，プロピオン酸あるいはコハク酸などの有機酸やアルコール，水素と二酸化炭素などに酸化される。

他有機酸とアルコールは，水素生成細菌や酢酸生成細菌などの作用によって酢酸，水素，および二酸化炭素へ変換される。また水素と二酸化炭素は，ホモ酢酸生成菌によって酢酸に変換され，さらにメタン生成菌によって酢酸からメタンが生成される。

したがって微生物群によるトータルの反応は以下に示される。

$$\text{有機性高分子廃棄物} \longrightarrow CH_4 + CO_2 \tag{5-1}$$

次いで第2段階として化学触媒を用いて（式5.1）に従って生成したメタンを炭素と水へ変換する。

$$CH_4 + CO_2 \longrightarrow 2C + 2H_2O \tag{5-2}$$

式（5-2）に示す反応で生成される炭素の純度は97％以上ときわめて高品質であるので

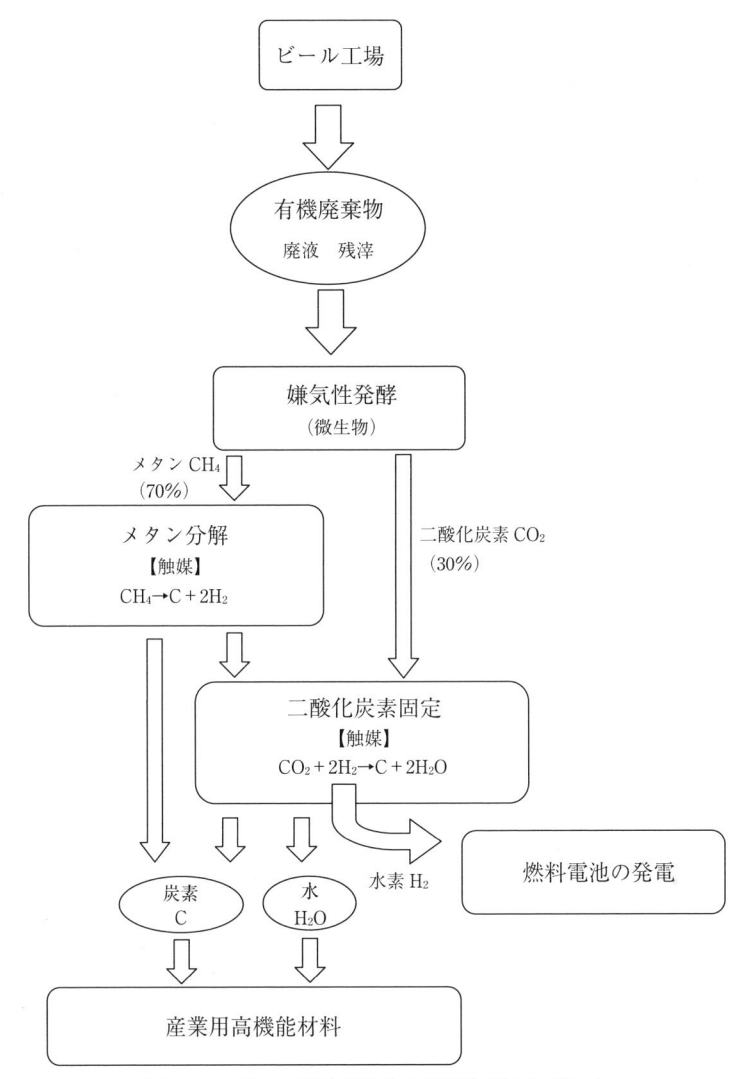

```
                    ┌──────────┐
                    │ ビール工場 │
                    └────┬─────┘
                         ↓
                    ┌──────────┐
                    │ 有機廃棄物 │
                    │ 廃液 残滓 │
                    └────┬─────┘
                         ↓
                    ┌──────────┐
                    │ 嫌気性発酵 │
                    │ (微生物) │
                    └──────────┘
```

図 5.18 ビール製造廃棄物の資源化ダイヤグラム

さまざまな利用方法が検討されており，例えば乾電池材料（炭素棒電極），コピー機やプリンターのトナーやインク，あるいはプラスチックの充填剤などとしての利用が図られている。

さらに反応条件を制御すると，炭素原子が一列に整列して筒状に成形されたカーボンナノファイバーや超微粒子炭素（カーボンナノ粒子）が生成されるので高機能材料として利用域の拡大がさらに期待されている（図 5.19）。

さらに式（5-1）や式（5-2）の過程で生成される水素は既述した燃料電池の気体原料として利用されて電気エネルギーに変換され工場内の補助電力源として供給される。

$$2H_2 + O_2(大気由来) \longrightarrow 2H_2O + 電気エネルギー \qquad (5-3)$$

120　5.4　反応効率化を目指す微生物機能改変：特に微生物細胞の固定化

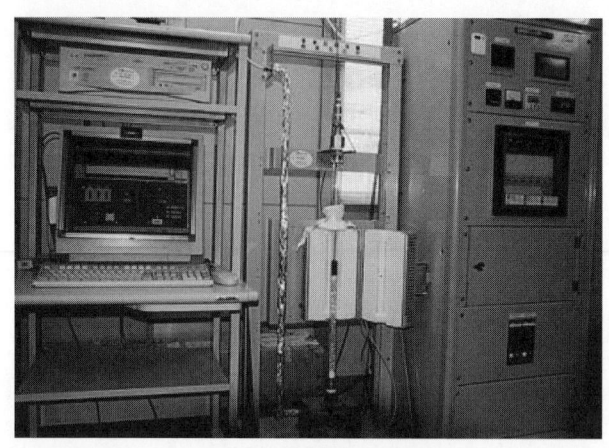

図 5.19　炭素固定化装置
(サッポロビール株式会社提供)

　さらに，本システムで発生する二酸化炭素および水素を回収して化学触媒による式(5-4)の反応を行わせ，生成する高純度炭素も上記と同様に利用される．

$$CO_2 + 2H_2 \longrightarrow C + 2H_2O \tag{5-5}$$

　以上のビール製造の例ばかりではなく，高付加価値希少物質生産を特徴とする微生物利用工業分野においてすら固形廃棄物や汚染排水さらには二酸化炭素をとじめとする廃棄物が発生するが，これを工場内（製造域内）において電力や炭素に変換し，ゼロエミッションシステムを確立することも微生物利用に携わる技術者の重要な使命であろう．

　なお以上は，静岡県焼津市にあるサッポロビール株式会社の工場で 2004 年からの実地稼動を予定しているプラントを参考とした．

5.4　反応効率化を目指す微生物機能改変：特に微生物細胞の固定化

　微生物細胞は，自身の生命活動を維持するための多様な化学反応（代謝）が進行するマイクロカプセルと考えることもできる．マイクロカプセルの中での複雑な化学反応は，触媒としての酵素の関与のもとに温和な条件下で著しく反応性が高いので，これを工業生産に利用しようとする試みが現代バイオテクノロジーの基礎となっていることはすでに述べた．

　しかし微生物細胞のサイズはきわめて小さいので，反応液中では生成物や原料などの水溶性物質とほぼ同等の挙動を示し，また反応後に微生物細胞のみを分離することは容易ではない．例えば反応系から微生物細胞のみを回収するためには一般的には 0.2～0.45 μm 程度の孔径のフィルターが用いられるが，このような小さい孔径のフィルターでろ過するためには非常に大きな圧力が必要であり，中規模や大規模の反応系には適さない[81]．

> 81)　圧力損失を小さくするためにフィルターの両側に電極を設置してろ過を

> 促進する電極ろ過法が採用される場合もある。

そこで微生物の代謝特性を保持したまま，そのサイズのみを使用態様に適するように任意に変化させることが試みられるようになった。これが微生物細胞の固定化である。

すなわち微生物の代謝活性を低下させることなく細胞のサイズのみを大きくすることができるなら微生物と水溶性生成物の分離がきわめて容易となり，また分離回収した微生物を再利用して反応の連続化も可能となる。

このような観点からすれば微生物細胞の固定化とは「代謝活性を保持したままで一定の空間に微生物細胞を保持してそのサイズを増大させ，再利用と連続使用を可能とする技術」と理解することができる。

5.5 微生物細胞の固定化の考え方

初期の固定化技術開発の目的は，生体物質，特に細胞内酵素を細胞外に取り出して不溶化し，工業反応に利用することであった。

この概念はその後の微生物固定化技術の開発にも踏襲され，まず微生物細胞を不溶性物質に強く固定化した後に溶菌[82]して細胞外に出てくる酵素系を触媒として利用することを目的としていた。したがって初期の微生物固定化に関する研究では，固定化した微生物細胞が生きていることは必ずしも期待されなかった。

> [82] 2章 2.3 で述べたように環境条件が悪化して微生物細胞が死滅すると，細胞内の細胞壁溶解酵素が活性型となって細胞外殻が破壊され，自己溶解する。

しかし細胞死や溶菌後に，微生物のプロテアーゼが活性化されて目的酵素を攻撃する現象が明らかになり，微生物を生存させたまま固定化する必要が認識されるようになった。

積極的に生細胞を固定化して利用することを意図した研究は，1970年代後半に軽部らが水素発生微生物を生きたまま嫌気環境下に固定化し，グルコースや廃糖蜜などを資化して増殖させながら水素を生産を試みたことにはじまる。

この研究を端緒として固定化生細胞に関する研究が世界中で開始されたが，初期の研究では不溶性物質へ強固に固定化する試みが中心的であったので固定化には細胞死が伴った。

その後，温和な条件での微生物固定化が必須であると認識され，以下に述べるさまざまな固定化法が開発されて工業生産や環境分野でめざましい成果をあげている。

現在，最も一般的な微生物固定化法は，担体結合法（水に不溶性の物質に微生物を物理的・化学的に結合する方法），架橋法（化学的に微生物間を結合しサイズを増大する方法）および包括法（水に不溶性の物質内部に微生物を包み込む方法）に大別され，それぞれに種々の改良が加えられている。

(1) 担体結合法

この方法は，菌体を不溶性の担体（または支持体ともいう，matrix）に結合させて固

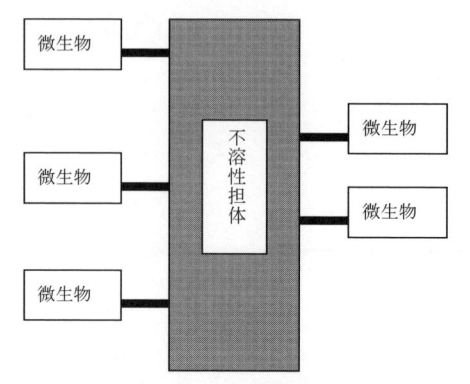

図 5.20 担体結合法による微生物細胞固定化の概念

図 5.21 共有結合による微生物固定化の例

多孔性ガラス（G-OH）とγ-アミノプロピルエトキシランとをトルエン中で反応させてアミノアルキル基を導入した後，p-ニトロベンゾイルクロリドを結合させ，さらに還元してp-アミノベンゾイル化合物とする。次いでジアゾニウム塩とし，菌体外殻の窒素原子と共有結合を形成して固定化する。

定化する方法で，その結合様式によって物理的吸着法やイオン結合法あるいは共有結合法などに分類される。

物理的吸着法はセラミックスのような多孔性担体表面の微細孔の中に菌体を保持させる方法で，微生物の代謝活性に及ぼす影響もほとんどなく，また操作も簡単であるが，菌体保持力に欠けるために繰り返して使用すると菌体の漏出[83]が起きる場合もある。

> 83) 反応中に固定化菌体が担体から離れて脱離する現象をいう。種々の固定化法の中では物理的，化学的に菌体を担体に保持させる担体結合法で漏出の可能性が高い。

イオン結合法は，イオン交換樹脂表面の陽イオンあるいは陰イオンに微生物細胞外殻のカルボキシル基（$-COO^-$）あるいはアミノ基（$-NH_3^+$）をイオン結合させて固定化する方法で，操作も簡便で固定化した菌体の漏出も比較的少ないが，樹脂表面の電荷はすでに菌体で飽和している場合も多いので細胞分裂後に新たに生じる細胞の保持力（結合力）に欠けるとも報告されている。

さらに共有結合法は，担体表面を活性化した後に菌体を共有結合させて固定化する方法であるが，図 5.21 からも推定されるように固定化操作が比較的煩雑な方法もあり，また固定化菌体漏出が比較的多い場合もあると言われている。

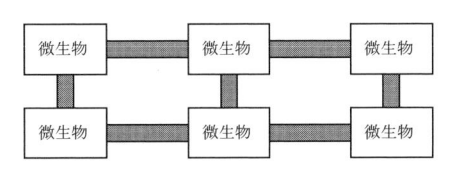

図 5.22 架橋法による微生物細胞固定化の概念

$$OHC(CH_2)_3CHO + NH_2-\text{生物細胞}-NH_2 \longrightarrow$$

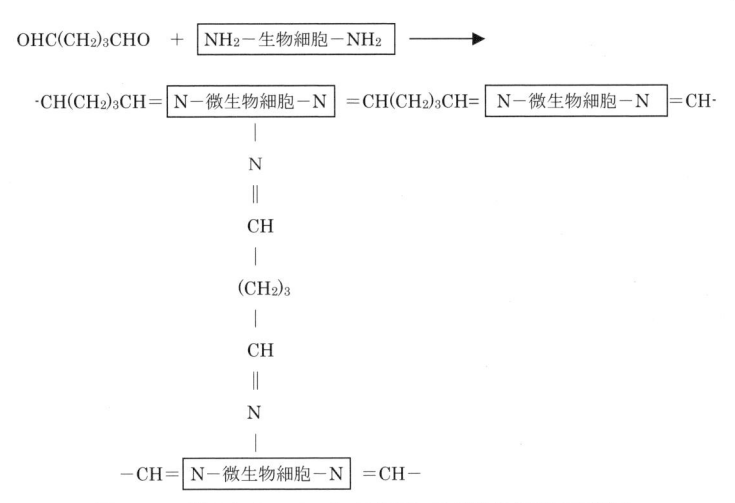

図 5.23 グルタルアルデヒドを用いる微生物細胞の固定化

最も簡便な方法は，冷却した適当な濃度のグルタルアルデヒド水溶液に固定化しようとする微生物細胞を懸濁し，緩やかに 30 分ほど攪拌して固定化する。

(2) 架橋法

この方法は，担体結合法や以下に述べる包括法とは異なり，水に不溶性の担体を用いるのではなく，グルタルアルデヒド（$OHC(CH_2)_3CHO$）などの二官能試薬によって菌体同士を架橋して結合し固定化する方法である。

しかし一般にグルタルアルデヒドなどの試薬は微生物に対する毒性が高いので，このような試薬を用いて固定化すると微生物の代謝活性が阻害され，あるいは微生物が死滅することも多く，さらには菌体の漏出も著しいことなどから実用例は必ずしも多くはない。

(3) 包括法

この方法は，天然あるいは合成高分子物質を担体とし，この中に菌体を包み込む（包括する）方法であるが，機械的強度や化学的安定性に優れ，また菌体の漏出も少ないことから実用例も多い。

天然高分子物質としてはアルギン酸やκ-カラギーナン[84]が頻用され，また合成高分子材料としてはポリアクリルアミドや光硬化樹脂[85]が用いられることが多い。これらの物質はいずれも格子構造を基本単位とするゲルを形成してその内部に菌体を包括するが，菌体のような巨大粒子は格子の外に出ることができず，低分子量の基質分子や酸素分子のみが自由に格子を通過してゲル内（担体内）に拡散する。

5.5 微生物細胞の固定化の考え方

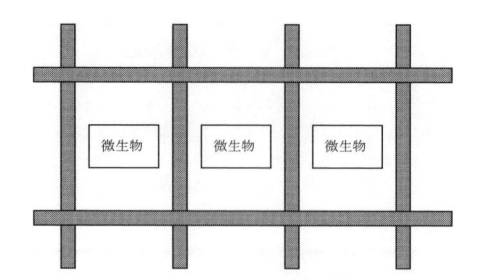

図 5.24 包括法による微生物細胞固定化の概念図

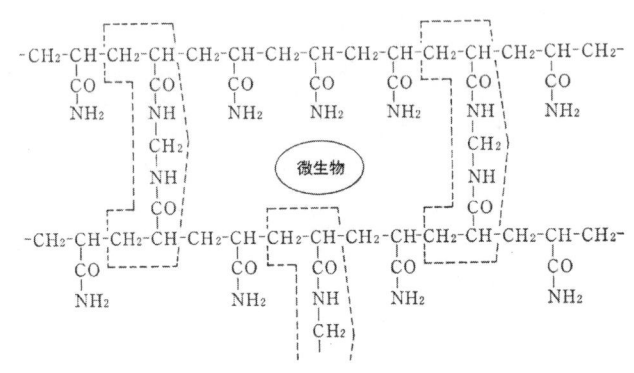

図 5.25 ポリアクリルアミドを用いる微生物細胞の固定化
アクリルアミドの単体（モノマー）と架橋剤（N, N′-メチレンビスアクリルアミド，図中の破線で囲んだ部分）の混合比を変えることによって重合度を任意に設定することができる。

84) アルギン酸やκ-カラギーナンはいずれも海藻から得られる多糖類である。

85) ポリアクリルアミドや光硬化樹脂はいずれも光を照射することによって格子構造となりゲル化する。

さらに高分子物質の種類や濃度によって担体の格子構造の大きさ（重合度）を任意に設定することが可能である。特にポリアクリルアミドは重合体であるアクリルアミドのモノマーと架橋剤（N, N′-メチレンビスアクリルアミド，図 5.25 の実線で囲んだ部分）の濃度を変えることによって重合度を容易に変化させることができるので微生物の固定化に担体として広く用いられている。

以上のような方法で微生物細胞を固定化すると，遊離細胞には見られないさまざまな特性を発現するようになる。

例えば遊離微生物の場合に比べ，反応系内の微生物細胞濃度を固定化によってかなり高濃度とすることができる。一般に遊離微生物を液体培地で培養する場合，培養液 1 ミリリットル中に存在する微生物細胞数は $10^7 \sim 10^9$ 程度にとどまるが，固定化によって 10^{10} から 10^{12} 以上にまで増加するといわれている。

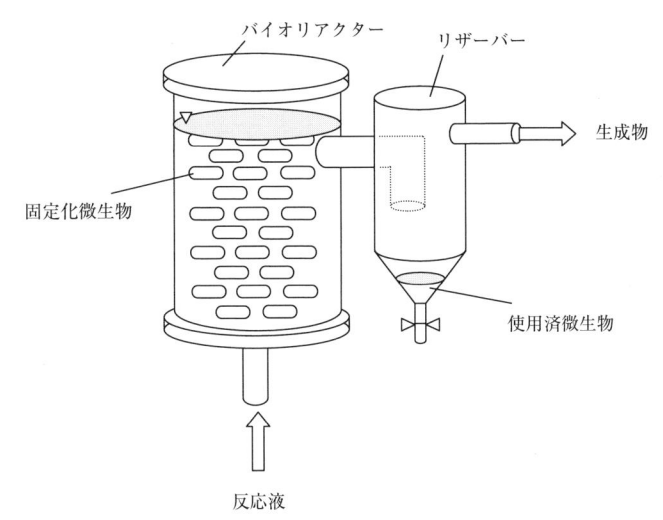

図5.26 流動床型バイオリアクターの模式図

　このような細胞濃度の増加は，同時に，反応速度を高めて反応生成物である代謝産物すなわち目的物有用物質の生産速度と濃度の向上，並びに物質生産の効率化にもつながる。

　さらに固定化微生物の生存時間は，遊離微生物のそれと比較して長くなる傾向のあることも報告されており，菌体の反復利用や連続使用も可能となる。

　これらの現象がもたらされる原因は未だ十分に明らかにはされていないが，現在は以下のような原理に基づくと考えられている。

　液体培地での培養の場合，微生物は培養液中に浮遊した状態で増殖するが，浮遊状態の維持，すなわち細胞間の相互作用の解消には多くのエネルギーを必要とする。液体培地中で遊離微生物は増殖の比較的早い時期に浮遊状態維持のためのエネルギー生産が困難となり，細胞同士が凝集しはじめ浮遊能力を失う。凝集塊内部と凝集塊表面とでは，栄養成分の拡散などの環境条件がまったく異なるので，微生物細胞は細胞分裂して増殖を継続することができなくなり，したがって培地単位容積当たりの細胞数も一定数以上にはならない。

　他方，固形培地では微生物はコロニーを形成しながら増殖する。コロニーを構成する微生物は，コロニー内部あるいはコロニー表面などの存在位置に関係なく固体培地表面に"足場（foot place）"をもち，その足場から栄養分を吸収することができるので，上述の液体培地でのような浮遊状態維持のためのエネルギーを必要とせず，またコロニー内部とコロニー表面で栄養分の供給条件が大きく異なることもない。このことから固体培地は液体培地の場合のように明確な対数増殖期や定常期をもたないと考えられる。

　固定化微生物の増殖態様を考えてみると，固定化微生物は担体を"足場"として周囲から栄養分を吸収して増殖することができる。このような増殖態様は固形培地での増殖態様に類似するものであり，したがって固形培地での増殖と同様に浮遊状態維持のための特別なエネルギーを必要としないので高濃度に増殖することが可能であり，また長時間にわた

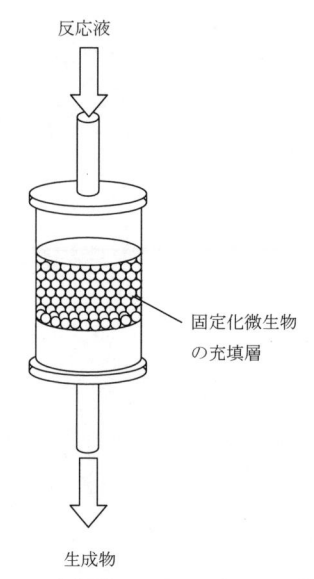

図 5.27　充塡型バイオリアクターの模式図

って生存することができる。

　さらに固定化微生物はバイオリアクター内に封じ込めて上流から栄養分を供給し，下流から代謝産物を取り出すシステムが一般的使用形態であるが，このような連続的バイオリアクター内部では通常の回分的培養槽内で発生する代謝産物の蓄積によるpH低下やイオン強度増大などの環境変化を無視することができる。このような定常的環境条件の保持も高濃度細胞維持や生存時間の延長に寄与していると考えられる。

　なお微生物は代謝過程で二酸化炭素などのガス発生を伴うものが多いため，固定化微生物をバイオリアクター内に充塡する充塡層型バイオリアクターは適当ではない。充塡層型バイオリアクターは担体（固定化微生物）が密に充塡されているので発生ガスの放出（ガス抜き）が十分に行われず，リアクターの運転中にガスが気泡となって担体表面に付着し，固定化微生物と反応基質との接触が妨げられて反応効率が急激に停滞する場合もある。

　このため固定化微生物は流動床型あるいは充塡層型バイオリアクターとして使用されるのが一般的である。

5.6　固定化微生物利用の実施例
(1) 固定化水素生成菌による水素生産

　石油化学工業を基軸とした前世紀までの人類の発展は，地球温暖化や海洋汚染などの地球環境の破壊という負の遺産をも新世紀に残す結果となった。エネルギー供給に関しても同様で，従来の石油に替わるクリーンエネルギー源の開発が急務とされている。

　最近，燃焼によって水が生成するのみで二酸化炭素などの地球温暖化現象の原因となる物質を生成しない水素はクリーンエネルギーとして注目され，燃料電池の発電燃料として

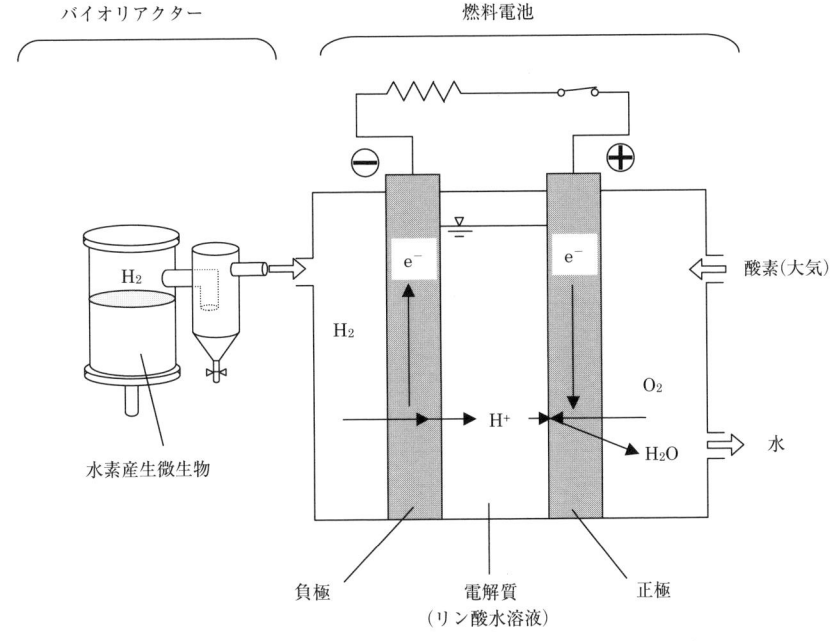

図5.28 微生物電池の概念

の新たな利用も開発されている。

　一般的に水素は水の電気分解によって生産されているが，分解のために多大の化石エネルギーを必要とするのでため代替エネルギー源としては必ずしも満足できる現状にはなく，また廃棄物資源化の社会的傾向とも相まって，最近は排水を主原料とする微生物的水素生産が試みられている。

　Clostridium butyricum や *Citribacter freundii*，あるいは *Escherichia coli* などの微生物は，嫌気環境下で式（5-6）あるいは式（5-7）に従ってグルコースを代謝して水素を生成する。

$$\text{グルコース} + 2H_2O \longrightarrow \text{酪酸} + 2HCO_3^- + 3H^+ + 2H_2 \quad (5\text{-}6)$$

あるいは

$$\text{グルコース} + 4H_2O \longrightarrow 2\text{酢酸} + 2HCO_3^- + 4H^+ + 4H_2 \quad (5\text{-}7)$$

そこで上記の微生物（水素生産菌）をポリアクリルアミドやアルギン酸を担体として包括固定化しグルコースなどの糖類を含む排水を供給した。固定化担体粒子の内部は低酸素状態あるいは嫌気状態と考えられるので，排水中のグルコースは式（5-6）あるいは式（5-7）に従って代謝され，水素を回収することができた。

　また図5.28に燃料電池内部の解説図を示した。固定化微生物で廃糖蜜を処理すると1分間当たり600ミリリットルの水素が連続的に生産された。この水素を回収して燃料電池の負極へ送り，他方，正極には空気（酸素を含む）を送り込んだところ，10〜12ワットの電力を取り出すことができた。

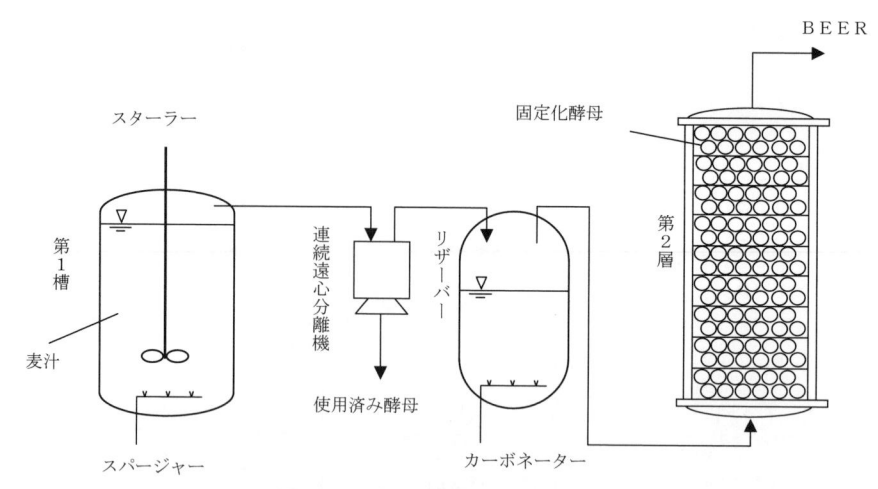

図 5.29 ビール製造のダイヤグラム

このようなシステムによる水素発電の実用化には，コスト抑制などの解決すべき課題も残されてはいるが，新しい微生物の有効利用法として注目に値する。

(2) 固定化酵母によるビール醸造

酵母によるビール醸造に関してはすでに解説したので，本項では固定化酵母によるビール醸造の概要について解説する。

1980年代後半から食品会社においてもバイオリアクターに関する研究が盛んに行なわれるようになり，製品製造の一部または全行程において実用化されて製品製造の時間短縮や設備の軽減化，さらには製品製造コストの低減化の役割を果たした。

さて通常の回分発酵槽によるビール生産の場合，まず槽内に麦汁（大麦の抽出物とホップの煮汁）と遊離酵母とを添加して混合する。初期段階では酵母は槽内の空気（酸素）を利用して好気呼吸するが，時間の経過（約24時間）とともに酸素は消費されて枯渇し，槽内は嫌気的環境となるのでエタノール発酵（2章を参照）が始まり，約1週間で発酵は終了する。

他方，図5.29に示した固定化酵母とバイオリアクターによる連続的ビール生産の場合も，第一槽内に麦汁と遊離酵母が添加されている点，並びに酵母が槽内で好気呼吸する点は回分的生産と同じである。

その後，酵母と麦汁は遠心分離して分別され，酵母は第一槽に返送されて再利用される。他方，麦汁は二酸化炭素付加によって脱酸素して嫌気状態とした後，カーボネーターで固定化酵母の流動床である第二槽に送られてエタノール発酵が開始される。

本システムを用いると回分発酵槽に比較して，同量のビール生産のための槽容量は約1/10に縮小することができ，また発酵日数も1/7（約1日間）に短縮されるという。

さらにビールのように複雑な成分から成る製品製造の場合には単に生産時間を短縮するばかりではなく，また上述の水素のような単一生産物の場合とは異なって，生産物（製

表 5.1 バイオリアクターと一般手法で醸造したビール*の分析値

	バイオリアクターで醸造したビール	一般手法で醸造したビール
希釈率** (%)	68.9	68.7
アルコール (%)	3.72	3.88
pH	4.29	4.39
α-アミノ窒素 (mg/100 g)	6.70	6.81
総窒素量 (mg/100 g)	53.6	57.0
二酸化炭素 (%)	0.49	0.47
イソフムロン (mg/L)	22.2	24.9
揮発性におい成分		
酢酸エチル (mg/L)	14.3	16.7
酢酸イソアミル (mg/L)	0.66	1.36
プロパノール (mg/L)	14.1	12.4
n-ブタノール (mg/L)	9.9	10.6
アミルアルコール (mg/L)	48.4	60.3
総ジアセチル (mg/L)	0.04	0.04

* 1℃, 3週間, 熟成後の分析値

** 希釈率 $= \dfrac{\text{麦芽の抽出含有物} - \text{ビールからの抽出物}}{\text{麦芽の抽出含有物}} \times 100$

品)全体としての微妙なバランスを調整しなければならない。

　すなわち固定化微生物とバイオリアクターの導入によって微生物の代謝環境が変化して，結果的に製品の質的変化をもたらす場合も多く，十分に留意しなければならない。

　表5.1に本システムによって製造したビールと通常の回分発酵槽によるそれの成分分析を示した。ビールの香味に重要な影響を及ぼす主成分の値にほとんど相違がなかったが，これはバイオリアクターによる連続反応を構築する際に，反応の中心を第2槽のみにおくのではなく，第1槽とカーボネーターを併用することによって固定化酵母と遊離酵母の生理状態に差異が生じないように工夫した成果といえよう。

　なお本バイオリアクターは1990年代から一部のミニブリュワリーで実際のビール醸造に使用されている。

　以上に述べた固定化微生物利用以外にも，反応の効率化と科学的微生物利用を目指して固定化技術と新たな応用が研究されている。

　これらに加えて，後の章でも述べるように微生物の遺伝子を改変してより良い微生物細胞を開発し確立しようとする努力もなされていることから，微生物の化学と応用についての研究は新たな展開点を迎えていることに間違いはない。

6 微生物の遺伝学と遺伝子操作

6.1 微生物の遺伝子操作についての考え方

微生物がもつ機能の修飾を目的として遺伝子操作技術を用いる場合もある。微生物の遺伝子組み替えの最も典型的な例はヒト[86]型インシュリンやヒト型ソマトスタチンなどのペプチドホルモンの微生物による生産であろう。

例えばヒト型インシュリンは21個のアミノ酸[87]が重合したA鎖と，30個のアミノ酸が重合したB鎖の2本のペプチド鎖がジスルフィド結合[88]で連結したジペプチドホルモンである。他方，同様にブタ型インシュリンも21個のアミノ酸からなるA鎖と30個のアミノ酸からなるB鎖がジスルフィド結合で連結した構造である。

> [86] 自然科学領域で人間を意味する場合は"ヒト"と表記される。

> [87] 正しくはペプチドやタンパク質を構成するアミノ酸を"残基"と呼ぶ。

> [88] ペプチド鎖を構成するアミノ酸の中でシステインが立体構造的に近位に存在すると，このアミノ酸のチオール基（SH基）がジスルフィド結合（S−S結合）を形成する。

ヒト型インシュリンとブタ型インシュリンの相違は，前者のB鎖30番目のアミノ酸がトレオニンであるのに対して，後者のB鎖30番目のアミノ酸がアラニンである点である。したがってブタ型インシュリンB鎖の末端アミノ酸であるアラニンを有機化学的にトレオニンに置換してヒト型インシュリンとして供給することが主流であった。

その後，微生物の遺伝子操作技術が確立されたことによって，ヒト細胞からヒト型インシュリンA鎖およびB鎖をコードする遺伝子を取り出し，これを大腸菌の遺伝子に組み込んで[89]大量培養することによってヒト型インシュリンを直接生産することも可能となっ

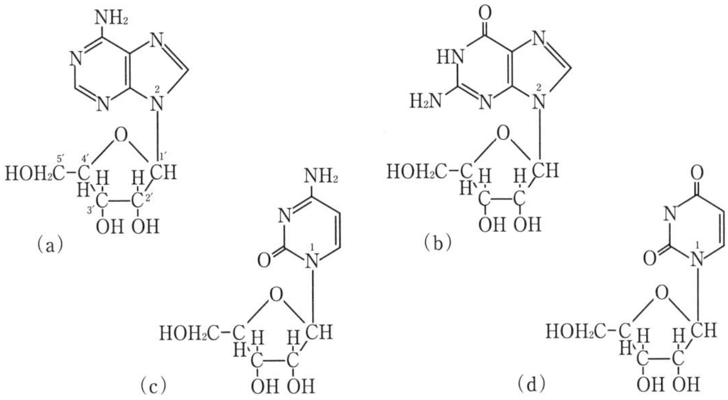

図 6.1 リボヌクレオシドの構造
(a) アデノシン，(b) グアノシン，(c) シチジン，(d) ウリジン。リボースの 5′ 位にリン酸基が付加するとヌクレオチド（nucleotide）と呼ばれる。

た。

> 89) 実際にはこれらの遺伝子にさらにシグナルペプチド（あるいはリーディングペプチド）と呼ばれる細胞外分泌に関与するペプチドをコードする遺伝子を付加する必要がある。したがって最初に大腸菌が生産するペプチドはインシュリン A 鎖と B 鎖の連結ペプチドにシグナルペプチドが付いたキメラ・ペプチド（複数のペプチド鎖がモザイクのように連結したペプチド）であるが，細胞外へ分泌された後にシグナルペプチドは加水分解酵素で切断除去される。なおシグナルペプチドについては以下の項で述べる。

さて遺伝子をキーワードとする微生物の機能改変には，① 化学薬品や放射線などで遺伝子に突然変異を誘起する方法や，② 遺伝子を取り出して直接的に改変を加える遺伝子操作法あるいは ③ 有用な特性を持つ複数の細胞同士を融合する細胞融合法などに大別されるが，本章では微生物の遺伝学を基に ② を中心に解説する。

6.2 微生物の遺伝子
(1) 遺伝子の情報はタンパク質に変換される

生物が生命活動を維持するために必要な情報は，基本的にすべて核酸で構成される染色体中の個々の遺伝子に記録されている。遺伝子と染色体の関係は"桃太郎"や"かぐや姫"のような一つ一つの「昔話」と，それらの昔話を集大成した「昔話全集」にたとえると理解しやすい。すなわち個々の遺伝子は一つ一つの昔話であり，それらが集合した染色体が昔話全集である。

また染色体（より小さな単位としては遺伝子）を構成する核酸は，アデニン（adenine：通常は A と略記される），チミン（thymine：T，なお以下に説明する ribonucleic acid (RNA) の場合は uracil：U に置換されている），グアニン（guanine：G），シトシン（cytosine：C）の 4 種の塩基と糖（デオキシリボース）ならびにリン酸基からなっており，

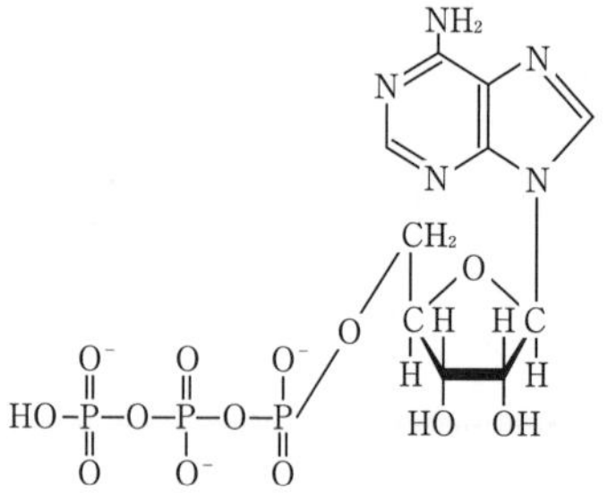

図6.2 アデノシン三リン酸（adenosine tri-phosphate: ATP）の構造
図6.1に示したヌクレオシドのリボース5′位にリン酸が付加してヌクレオチドとなる。

デオキシリボ核酸（deoxyribonucleic acid: DNA）と呼ばれる。

以上からすれば染色体は，A，T，G，およびCで略記される4種類の塩基を"文字"とし，わずか4文字の組み合わせによって"文章（遺伝情報）"が書かれているきわめて読みにくい暗号本ということができる。

しかし単に4種類の文字の組み合わせ順序を変えるだけでは複雑な文章を書くことが不可能であるのと同様に，4種類の塩基の配列順序を変えるだけで複雑な遺伝情報を網羅することも不可能であるので，実際のDNAの遺伝情報はA，T，G，およびCの4種類の塩基が3塩基ずつまとまって（トリプレット）ひとつの"文字"を形づくっている。このような3塩基のまとまりをトリプレットと呼び，それによって表される"文字"を遺伝暗号（コドン）という。

それぞれのコドンは自然界に存在する21種類のアミノ酸（表1.2参照）のいずれかを指定しているのでDNAに書かれた遺伝暗号をアミノ酸という具体的な物質に変換させることが可能となり，さらに多数のアミノ酸が繋がって[90]ペプチドやタンパク質が形成される[91]。

> 90) アミノ酸が繋がることを"重合"という。アミノ酸の重合は隣り合ったアミノ酸のアミノ基とカルボキシル基が脱水して形成するペプチド結合によるが，この結合は化学的にきわめて安定である。

> 91) 1章の脚注10) 参照。

このように，生体内でさまざまな機能を発現するペプチドやタンパク質の源は染色体という暗号書であるが，染色体からタンパク質にいたる一連の反応を「生物学におけるセントラルドグマ」という。

自動車を生産する工程を例にセントラルドグマについて，もう少し詳しく考えてみよう。自動車を生産するためには"設計図"が必要であり，多くの技術者が"設計図のコピー"を"工場"で参照する。生産ラインでは"ベルトコンベアー"によってコピーで指示される"部品"を運び込み，組み立て機械によって"組み立て作業"が行われて自動車が完成

する。

　生物も基本的に同じ流れでタンパク質が生産される。すなわち自動車生産の例で"設計図"に相当するのは染色体中の個々の遺伝子であり，"設計図のコピー"には伝達RNA（メッセンジャーRNA，mRNA）が該当する。なおmRNAは，上記のA，G，C，およびUの4種類の塩基にリボースとリン酸基が付加したリボ核酸（ribonucleic acid：RNA）が重合した物質である。また"工場"となるのはリボソーム（ribosome）と呼ばれるタンパク質–RNA複合体であり，生産ラインの"ベルトコンベアー"には運搬RNA（トランスファRNA，tRNA）が相当する。tRNAには運び込む"部品"，すなわちアミノ酸に対応する種類が存在するが，これについては後述する。こうしてリボゾーム上でアミノ酸が重合し，タンパク質鎖が伸長する反応が進行するが，これは"組み立て作業"に対応する。なおタンパク質鎖の伸長についても後に詳しく述べる。

　このような一連の反応によってタンパク質が合成されるが，セントラルドグマでは設計図に相当する遺伝情報の維持・増幅反応を複製と呼び，設計図すなわち遺伝情報のコピーを作る反応を転写という。また，それ以降の反応を翻訳と呼ぶ。なお，複製から翻訳にいたる一連の反応の流れを図6.3にまとめた。

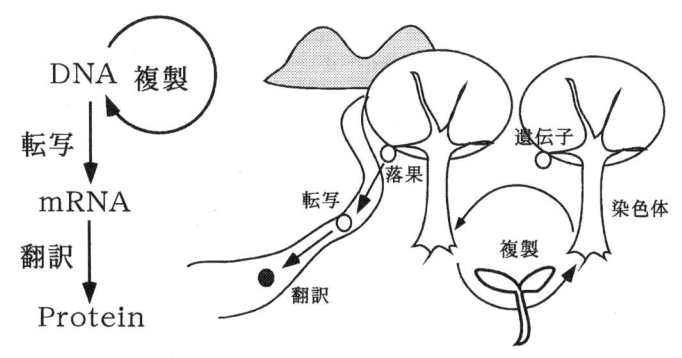

図6.3　遺伝子からタンパク質へいたる流れ
左図にまとめた複製，翻訳転写の一連の流れを模式的に右図に模式的に示した。いずれの図でも矢印は複製による遺伝情報の増加と遺伝伝達方向を示す。また模式図の川の流れは，遺伝情報の流れが一方向であることを意味し，植物の生長は遺伝情報がmRNAからタンパク質へ変化することを意味する。

　さて目的の遺伝子からタンパク質を人為的に生産するためには，主に以下の三つの方法が用いられる。その一つは，大腸菌や酵母などの微生物細胞に直接に目的遺伝子を導入する「形質転換法」である。二つめは適当な細胞の抽出液[92]を用いる「無細胞系タンパク質合成法」であり，さらに三つめの方法は，微細な注射器を用いて未分化細胞や卵母細胞の中に目的遺伝子を直接的に注入する「マイクロインジェクション法」である。

---

[92]　細胞を超音波処理などの方法によって破壊し，細胞内容物を取り出して反応系を作ることを無細胞反応系という。破壊されていない細胞は細胞全体のネットワークとして反応系が成立しているのに対して，無細胞反応系にはこのような全体的反応ネットワークが存在せず個々の反応が独立的に進行す

> る．したがって無細胞系で反応が起きるためにはネットワークの破壊とともに除かれた因子を外部から添加する必要があり，そのため無細胞反応は試験管内で行われることが多いので"試験管内の反応（*in vitro* の反応）"と呼ばれる．これに対して細胞内ネットワークで進行する反応を"細胞内の反応（*in vivo* の反応）"という．

　これらのいずれの人為的タンパク質生産反応においても，微生物細胞や細胞抽出液あるいは細胞に含まれるリボゾームや tRNA を取り出して用いるが，それぞれの方法の利点や欠点を理解して自分の目的に合致する方法を選択することが重要である．

　例えば大腸菌などの微生物を用いる形質転換法では，安価に大量の目的タンパク質を生産することが可能であるが，発現ベクターの構築や[93]，本来的に大腸菌が持っているタンパク質と新たに大腸菌が作り出したタンパク質を分離し後者を精製するなどの作業が必要となる．

> [93]　ベクターについては以下の項で詳述する．

　他方，無細胞系タンパク質合成法やマイクロインジェクション法は，目的タンパク質をコードする mRNA を導入するので少量のタンパク質を調製するのに適しているが，大規模生産には不適当である．

　以下では特に，無細胞系タンパク質合成を中心に試験管内（*in vitro*）におけるタンパク質生産の原理につい逐次的に説明する．

　(i) 細胞内で mRNA に転写されている遺伝情報に基づいてタンパクが作られるためには，タンパク質生産工場であるリボゾームと mRNA が結合して遺伝情報が読み込まれる必要があり，読み込みのためには"ここから目的とするタンパク質の遺伝情報があります"という mRNA 上の信号をリボゾームが認識しなければならない．mRNA 上に存在するこの信号をシャインダルガノ配列（Shine-Dalgarno 配列：SD 配列））という．

　SD 配列を認識して開始するリボソームと mRNA の結合は「塩基の相補性」に基づく．塩基の相補性とは RNA や DNA を構成する塩基が特異的に対合し，A−T 対（RNA では A−U 対））と G−C 対とを形成して（塩基対形成）2本鎖 DNA や 2本鎖 RNA を形成する性質である．

　先にも述べたようにリボゾームはアミノ酸のみから成る単純なタンパク質ではなく，同時に RNA をも構成成分として含んでいるので（ribosomal RNA：rRNA），SD 配列塩基と rRNA 塩基の相補性により塩基対が形成されてリボゾームと mRNA が対合し，結合する．

　(ii) さて次いでタンパク質合成が開始される．この反応には運搬 RNA（transfer-RNA：tRNA）の関与が必要であるが，どの tRNA がどのアミノ酸を運搬（転移）するかという"tRNA の選択"も塩基の相補性に基づく．

　すなわちタンパク質合成の開始に関与する tRNA は，mRNA 上のタンパク質開始のた

表 6.1 種々の人為的タンパク質生産法の比較

方　法	操　作	長　所	短　所
形質転換法	目的遺伝子の導入 ホスト，ベクターが必要。	大量に生産できる。構築菌株を長期間維持できる。	ベクター等の準備が必要。生産物を精製する作業が必須。
無細胞系タンパク合成法	mRNAの混和 細胞抽出液，mRNAが必要。	生産物の精製が容易。装置が不要。	翻訳効率が低い。生産物はごく少量である。
マイクロインジェクション法	mRNAの注入 未分化細胞，mRNAが必要。	翻訳効率が高い。	産物の精製が比較的困難。生産物は比較的少量。

めのコドン（開始コドン）である 3′-A-U-G-5′ と相補的な 3′-UAC-5′ の塩基配列をもち，フォルミル化したメチオニン（フォルミルメチオニン：fMet）に対応する。したがってすべての微生物に共通して，タンパク質鎖はフォルミルメチオニンを最初のアミノ酸として合成されることとなる。

　(iii) 次いでそれぞれのアミノ酸をコードするmRNA上のコドンに相補的なtRNAによって種々のアミノ酸が付加して（これをペプチド転移という）タンパク質鎖の伸長が行われる。

　なおタンパク質鎖合成のためのアミノ酸と結合したtRNAをアミノアシルtRNAといい，アミノアシルtRNA合成酵素によってそれぞれのアミノ酸とtRNAとの結合が行われる。またmRNA上のコドンと相補的なtRNA上の塩基配列をアンチコドンという。

　無細胞系のような試験管内でのタンパク質合成系では，あらかじめ種々のアミノ酸あるいはアミノ酸と結合したアミノアシルtRNAを添加する必要がある。

　タンパク質鎖の伸長を遊戯の"ダルマ落とし"に例えてみる。ダルマの顔の部分付近にはフォルミルメチオニンのアミノ末端が存在し，ダルマの胴体の積み重なっている部分付近には伸長過程にあるタンパク質鎖が存在する。ただしリボソームでの"ダルマ落とし"は，遊戯のようにダルマの下段が弾き飛ばされて減るのとは逆に，積み重なったダルマ全体（伸長タンパク質鎖を含むリボゾーム）がアミノアシルtRNA上へ飛び込んで一段ずつ増える（タンパク質鎖が伸長する）。リボゾームがmRNA上をスライドしながら進行してタンパク質鎖が伸長すると，アミノ基を失って役割を終えたtRNAはリボゾームから離脱する。

　なおこれらの反応にはエネルギー物質としてグアノシントリホスフェイト（GTP）が必要である。またコドンは3塩基の順列であるので 4^3 の組み合わせが考えられるが，自然界のアミノ酸は21種類であるので一種類のアミノ酸が複数のコドンで指定される場合がある。これをコドンの縮合という。

　さて遺伝子操作によるタンパク質生産の目的は，有用タンパク質自体の生産にあること

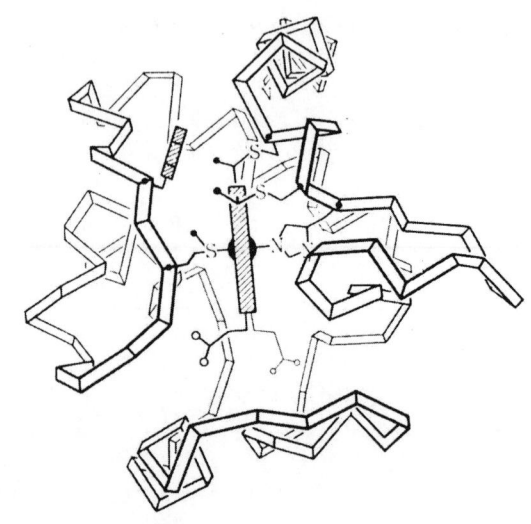

図 6.4 タンパク質のコンフォメーションとフォールディング
タンパク質は単純な直鎖状態として存在するのではなく，適当なコンフォメーション（立体的配置）とフォールディング（折りたたみ）の状態で存在し機能を発現する。図には細菌のチトクロームの構造を示したが，分子中央部に機能発現に必要な鉄原子を保持するための部位が形成されている。

は言うまでもなく，上記の原則に基づく技術，すなわち遺伝子操作で生産したタンパク質の機能を十分に発現させることが重要である。

例えば細胞内でタンパク質は活性発現のために適当なコンフォメーション[94]であるが，遺伝子操作によって試験管内で人為的に合成されたタンパク質は活性発現に適当なコンフォメーションではない場合も考えられ，本来そのタンパク質が有している細胞内における機能とは同等に作用しない可能性もある。

> [94] 有機化学や量子化学では結合の回転によって生じる原子の空間配置をいうが，タンパク質や核酸などの生体高分子の場合は三次元的立体構造を意味する。

さらに人間のタンパク質を大腸菌や酵母などの微生物に生産させる場合，pH などの細胞内環境が微生物と人間では明らかに異なるので生産されるタンパク質の活性が周囲の化学環境に影響される場合もある

幸いなことにタンパク質は機能を発現し得るコンォメーションが化学的・エネルギー的に最も安定であるので，pH や塩濃度などの環境が元の生物に近ければタンパク質は正しいコンフォメーションにフォールディング[95]される。したがって遺伝子操作によってタンパク質生産を目指す場合には，本来そのタンパク質を生産していた生物に比較的近縁種の生物を用いることが望ましい。

> [95] 折りたたまれることをいう。

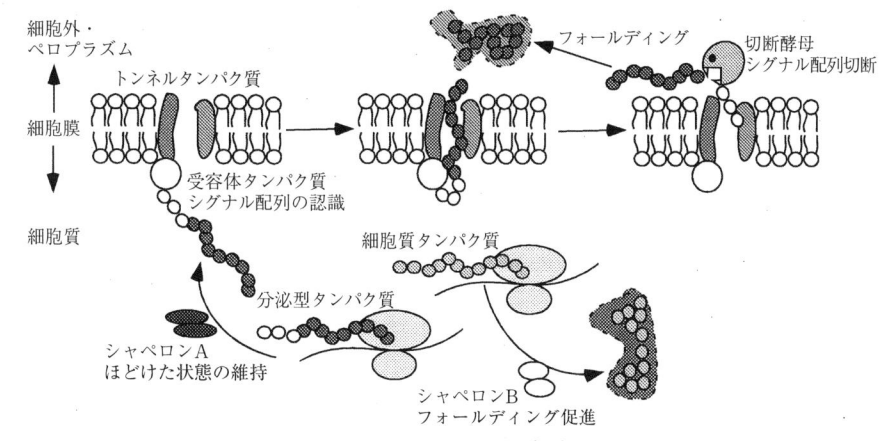

図 6.5 シャペロンの概念

タンパク質が細胞内で適当なコンフォメーションにフォールディングされるが，分泌の際にはシャペロンによって一本の単純な直鎖状となり，細胞外で再びフォールディングされる。なおシグナルペプチドを白い丸で示したシグナルペプチドは細胞膜上の受容体と複合体を形成し，タンパク質の細胞外分泌終了とともに切断される。

次に遺伝子操作によって生産されたタンパク質が，生体内で本来存在するべき位置に存在しているか，という問題についても考慮しなければならない。

例えば細胞内で合成されたタンパク質が細胞膜を通過して細胞外へ分泌されて後に活性を発現する場合を考えてみよう。細胞質などの細胞内で機能するタンパク質とは異なって，分泌タンパク質が細胞外で機能するためには細胞膜という疎水性の壁を通過しなければならないが，分泌タンパク質は一般に親水性であるのでそのままでは細胞膜を通過できない。これを解消するために細胞内で合成されたタンパク質が細胞外へ分泌される場合にはシグナルペプチドという疎水性アミノ酸を多く含むペプチドがタンパク質鎖の末端に付加される。つまり細胞膜上に存在するタンパク質（受容体）がシグナルペプチドを認識し，受容体と分泌タンパク質（未だ細胞外へは分泌されていない）が一時的に結合して受容体－分泌タンパク質複合体を形成し，これが細胞膜上の"トンネル"へと導かれて分泌タンパク質は細胞膜を通過することができるようになる。

トンネルを通過するためには，分泌タンパク質分子はあまり複雑なコンフォメーションであってはならず，多くの場合には単純な線状のタンパク質鎖として通過する。このため分泌されるタンパク質が複雑な立体構造となるのを制限するシャペロンと呼ばれるタンパク質も存在する。

なおトンネルを通過して細胞外に分泌された後，タンパク質本来の機能には不要なシグナルペプチドは酵素によって切断され，機能発現に適当なコンフォメーションにフォールディングされる。

(2) ホストとベクター

遺伝子に記録されているタンパク質が機能をもつタンパク質に変換されると，[96]細胞全体や一部の細胞機能に特別な働きや性質が表れる。これを「表現型」と呼び，新たな細胞

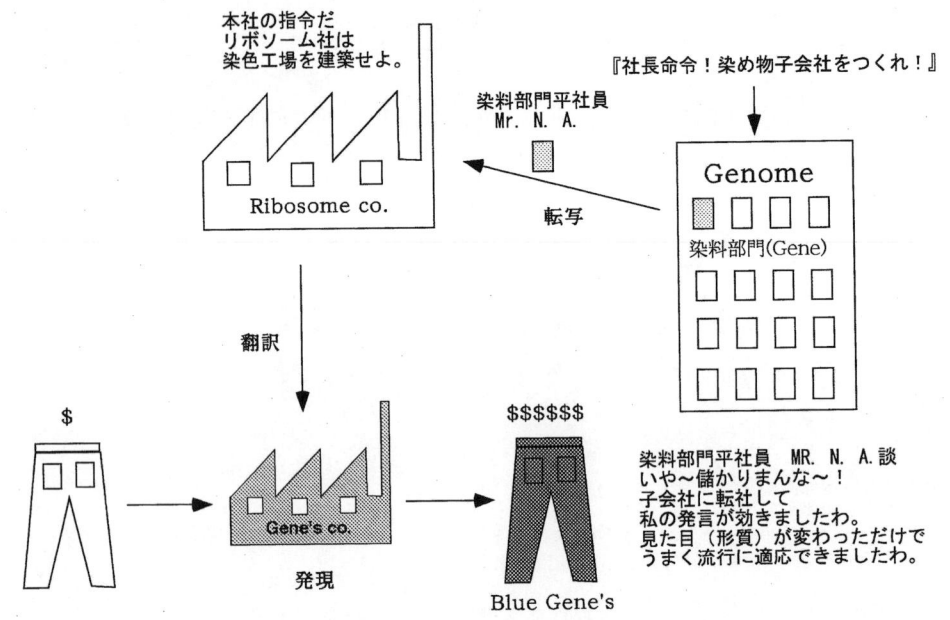

図6.6 タンパク質の形質変化

遺伝情報がタンパク質として発現し，機能するまでをマンガ的に説明した。ジーンズ会社の社長（転写を制御する因子）から，会社（染色体）の一部門である染料部門（遺伝子）に「染物工場を作れ」という命令が下り，染料部門の社員（mRNA）は子会社（リボゾーム）に染料工場について自分がもっている情報を伝える（転写）。社員の情報をもとに工場が建設され（翻訳），稼動して（機能発現）ジーンズはさまざまな色（形質・表現型）に染色される。中でも白いジーンズを青いジーンズに染色すると，流行に乗って（環境に適応して）会社（細胞）は利益を上げることができた。

の働きや性質が現れることを「表現形質（表現型）の変化」という。

> 96) これを"発現"という。

遺伝子操作の基本原理は表現形質の変化を利用することであり，遺伝子操作では表現形質の変化をとらえることが重要であるが，始めから目的遺伝子が発現する表現形質がわかっているならば，遺伝子操作をした後にその表現形質の有無を調べるだけで目的遺伝子が細胞に導入されているか否かを見分けることは容易にできる。

しかし表現形質がわからない遺伝子や，表現形質が簡単にはわからない遺伝子の場合はどうしたらよいのだろう。

例えば互いに面識のない人と会う場合を考えてみよう。この辺を通るだろうと道に出て探してみても顔を知らないのだから，お互いを見つけ出すのは難しい。しかし"Aタクシー会社の赤いタクシー"でやって来ると始めから知っていれば，そのタクシーを見分けて相手を確認もできるだろう。ここで目的の人（目的の遺伝子）を見分けやすくなったポイントは，相手の顔（目的遺伝子の表現形質）とは別の"Aタクシー会社の赤いタクシー"という事実（他の表現形質）である。すなわち目的の遺伝子が，詳細のわかっている他の表現形質と一緒に存在しているなら目的遺伝子を見分けることも可能となる。

遺伝子操作ではベクター（vector）と呼ばれる遺伝子運搬体にパッセンジャー（passenger）と呼ばれる遺伝子を乗せて細胞に運び込む[97]。このときベクターが"Aタクシー会社の赤いタクシー"のように特異な表現形質をもつなら区別しやすい。このように他と識別しやすくなる表現形質をマーカーと呼び，マーカーとなり得る形質を示すベクターの遺伝子をマーカー遺伝子という。

> [97] vector は小型の運搬車両を意味する英語の vehicle に由来する語である。

したがって遺伝子操作では明瞭なマーカー遺伝子をもつベクターの選択が重要となる。

さて分泌作用や人為的操作によって細胞の外に出たタンパク質は"物質"量として増えることはなく，むしろ代謝や精製などの生化学的作用に伴ってその量は減少する。

他方，生物は自律増殖能をもつと定義される[98]。ある形質をもつ個体は増殖してその量（個体数）は増える。したがって遺伝子操作によって目的遺伝子（形質）をもつ細胞を作ることができるなら，その遺伝子（形質）を含む細胞のみを選択し，形質が変化しないように細胞を維持するだけで同じ形質の細胞は自律的に増加する。

> [98] 後の章で述べるウイルス（virus）には自律増殖能がなく，感染宿主の増殖機構を利用して粒子数をふやすので，通常は"生物"として分類しない。

目的遺伝子（形質）を含む細胞と含まない細胞の混合体から前者だけを選択的に区別する最も簡単な方法は，目的形質を含む細胞は自律増殖することができるが，目的形質を含まない細胞は死滅する培養条件を設定することである。

例えば抗生物質耐性形質をマーカーとしてもつベクターを用いて目的形質を含む細胞（換言するなら抗生物質耐性マーカーをもつベクターによって抗生物質耐性遺伝子が組み込まれた細胞）のみを増殖させることが行われる。このような操作を"選択圧をかける"という。

さて選択圧をかけて目的遺伝子を含む細胞を選択しても，目的遺伝子をもつベクターが導入された細胞（すなわち目的遺伝子をもつ細胞）は全細胞数のごく一部のはずである。それにもかかわらず同じ形質をもった細胞が増えて維持されるのはなぜだろう。

この現象は，目的遺伝子を乗せたベクターが細胞中で増えていることが理由であると理解されている。つまり，**ベクターは選択マーカーを持つと同時に目的遺伝子を導入した細胞の中で増加する**のである。なお目的遺伝子を導入した細胞はホストと呼ばれるので，あるベクターとその内部でベクターが増殖し得る細胞の関係を**ホスト・ベクター系**という。

細胞内で増殖可能なベクターとしては，a) パッセンジャー（インサートともいう）を運べるように改変したファージ[99]ベクターと，b) 自律増殖が可能な細胞質遺伝因子（プラスミド：plasmid）を同様に改変したプラスミドベクターが知られている。

> [99] ファージ（phage）とウイルスの明確な使い分けはないが，微生物に感染する粒子をファージと呼び，動植物細胞に感染する粒子をウイルスと呼ん

140   6.2 微生物の遺伝子

で区別するのが一般的である。

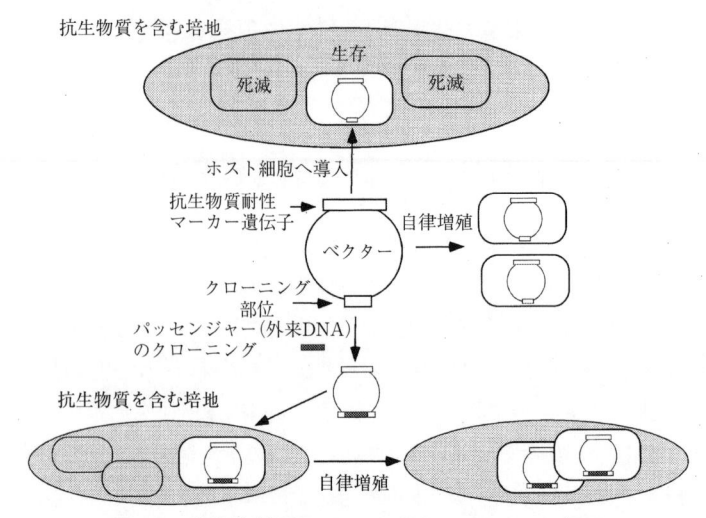

図 6.7 抗生物質耐性マーカーをもつベクターの利用

抗生物質耐性マーカー遺伝子をもつベクターを含む宿主細胞は，抗生物質を含む選択プレートで自律増殖可能である（図の上部）。さらにこのベクターがマーカー遺伝子とともにクローニング部位をもつなら，パッセンジャーを組み込んだ宿主細胞のみが選択プレートで自律増殖可能となる（図の下部）。

タンパク質の殻で覆われた DNA から成るファージ粒子数は，後の章で述べる機構によって感染宿主細胞内で爆発的に増加する。他方，DNA からのみ成るプラスミドは 1 個の細菌細胞内に 200 個程度のコピー（複製物）が存在し，細胞増殖に伴って指数関数的に増加する（DNA 複製，以下を参照）。

(3) 遺伝情報の維持と DNA 複製

生物のすべての情報は，4 種類の DNA 塩基を文字として染色体中の遺伝子に"記録"されていることはすでに述べたが，記録という点からすればコンピューターにおける記録と同様に遺伝情報にも"バックアップ"が存在する。このバックアップは，DNA 鎖が相補的な 2 本鎖になっていることによって行われる。

相補的な 2 本鎖は，列車の線路を考えると理解しやすい。DNA 鎖がレールに相当し，まくら木が A-T あるいは G-C の相補的塩基対を形成し安定化させる水素結合に相当する。

ところで列車には上りと下りがあるのと同様に，DNA 鎖にも解読のための文字配列に方向性があり，DNA 鎖の 5' 末端から 3' 末端[100]に向かって解読が進行する。なお 2 本の DNA 鎖は相補的関係にあるので，解読の方向（5' 末端から 3' 末端へ）がまったく逆であることに留意しなければならない。

---

100) DNA 鎖の 5' 末端と 3' 末端はそれぞれ，DNA のリボースの 5 位水酸基と 3 位水酸基に対応する。

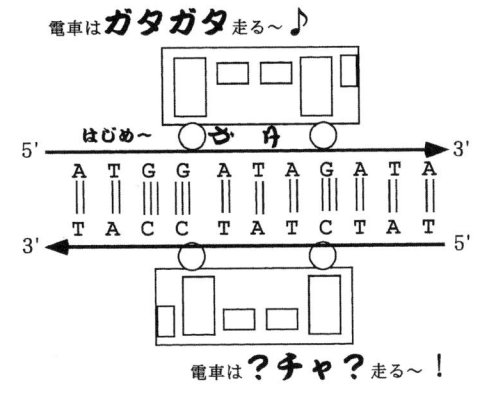

図 6.8　DNA 鎖解読の方向性

DNA 鎖は水素結合によって安定化した 2 本鎖であるので構造的には"まくら木で固定された電車線路"にも例えられる。しかしこの線路は一本ずつのレールを一輛ずつの電車が互いに逆向きに走ること，すなわち 2 本の DNA 鎖の解読方向が互いに逆向きであることに留意しなければならない。

　さて 2 本の DNA 鎖のコピーを作る過程を DNA 複製といい，解読と同様に 5′ 末端から 3′ 末端に進行する。最も簡単な DNA 複製は，古い鎖と新しく合成する鎖の間に A−T，G−C の対を形成して重合する機構である。この複製様式を**半保存的複製**という。

　他方，まったく新しい対の形成は，古い 2 本鎖 DNA が 1 本ずつの鎖に開裂した後に相補的に対合して 2 本鎖となって進行する。このような DNA 複製反応には DNA 複製タンパク質複合体（DNA 複製酵素）が必要である。DNA 複製酵素は，2 本鎖 DNA の開裂後に 1 本ずつの DNA 鎖上を互いに逆向きに読み込み反応を行う。

　2 本鎖 DNA の開裂は，先の 5′ 末端から 3′ 末端への解読方向性とは別に同一方向に進行する。したがって片方の DNA 鎖に対する DNA 複合酵素の解読方向は 5′ 末端から 3′ 末端へと正しい方向性が維持されるが，もう 1 本の DNA 鎖については開裂方向と解読方向が逆向きである。複製方向と解読方向が一致する 1 本鎖 DNA をリーディング鎖（leading strand）と呼び，これらの方向性が互いに逆向きとなる 1 本鎖 DNA をラギング鎖（lagging strand）という。

　ラギング鎖では，DNA 複製酵素は一定の複製反応後に，再度，開裂している先頭部分に戻って複製を再開する現象が起きる。この現象は DNA 複製酵素をナメクジと考え，またその這い跡をラギング鎖と考えて，這っているナメクジを摘まみ上げて元いた位置よりもはるか後方に置いて再び這わせ，前にできたナメクジの跡の端まで這い進んだら，また摘まみ上げて再びはるか後方に置きなおすというイタズラをイメージするとよいかもしれない（図 6.9）。

　このようにしてできるナメクジの這い跡は連続性のない断片になってしまうが，DNA 複製の場合も同様であることからこのような複製を**不連続複製**と呼び，その複製点の近傍で新生される DNA 断片を**岡崎断片**[101]という。

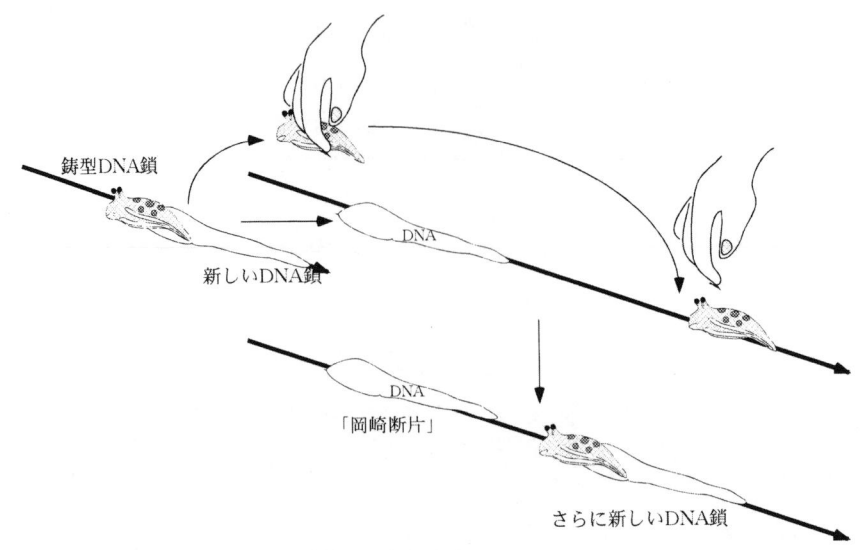

図 6.9 不連続複製の概念

図中のナメクジは DNA 鎖を合成する酵素複合体を示し，ナメクジの這い後の粘液は酵素複合体によって合成された DNA 鎖を示す。ナメクジは鋳型 DNA 鎖にそって進むが，その方向は鋳型 DNA 鎖の解離方向とは逆向きである。したがって図に示すように這い進んだナメクジをつまみ上げて，前に進んだ位置の後方において再び這い進ませることを繰り返すなら，ナメクジの這い後の粘液（岡崎断片に相当）はナメクジ進行方向とは逆向きに伸びることとなる。

> 101) この断片の発見者である故・岡崎令治博士に因んで名付けられた。

　岡崎断片は DNA 重合酵素の関与のもとに重合して鎖状 DNA となるが，DNA 重合酵素の活性発現には"足場"が必須である。一般に足場として DNA 鎖や断片に相補的な RNA 分子が用いられる。これをプライマー RNA という。

　リーディング鎖ではプライマー RNA が一つあればよいが，不連続に複製するラギング鎖では断片ごとにプライマー RNA が必要となる。また複製の場は限定されている必要があるので，ラギング鎖がリーディング鎖に対して 1 大きくループアウトした構造であり，DNA 鎖上のふたつの複製酵素が対となる事を可能にしている。これらの詳細については図 6.10 の説明を参照されたい。

(4) 細菌細胞の染色体複製開始とレプリコンモデル

　以上に述べたように染色体複製反応進行の初発キーステップは 2 本鎖 DNA の開裂反応であるが，細菌細胞が周囲の状況に合わせてリズミカルに複製をくり返す現象を説明するもっとも単純なモデルはレプリコン（複製単位）モデルである（図 6.14）。

　レプリコンモデルでは，開裂に必要なタンパク質（複製開始制御タンパク質）と開裂する 2 本鎖 DNA 複製開始点（オリジン）の関係が重要である。

　まず複製開始制御タンパク質遺伝子が mRNA へ転写する際に，すでに存在する複製開始制御タンパク質は自分自身の量を一定に保つように作用する。すなわち複製開始制御タ

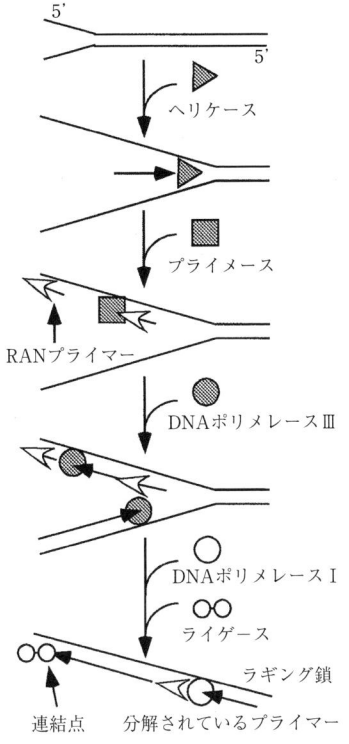

図 6.10 染色体複製の素過程

(a) 2本鎖DNAの開裂：開裂酵素（ヘリケース）の作用によって2本鎖DNAが1本鎖に開裂し，露出した1本鎖DNAに相補鎖の重合が可能となる。
(b) プライマーRNAの合成：2本鎖RNA合成酵素（プライメース）の作用によってプライマーRNAが合成されてラギング鎖重合反応の足場を提供する。
(c) DNA鎖の伸長：複製型DNA複製酵素（DNAポリメレースⅢ）が，1本鎖DNAの5′末端から3′末端に向かって水素結合形成可能な塩基を選別しながら相補対を形成してDNAを重合する。
(d) プライマーの除去とギャップの充塡：DNA鎖の重合終了とともに，修復型DNA複製酵素（DNAポリメレースⅠ）が足場としてのRNAを除去し，同時に連結点が結合酵素（ライゲース）で連結される。

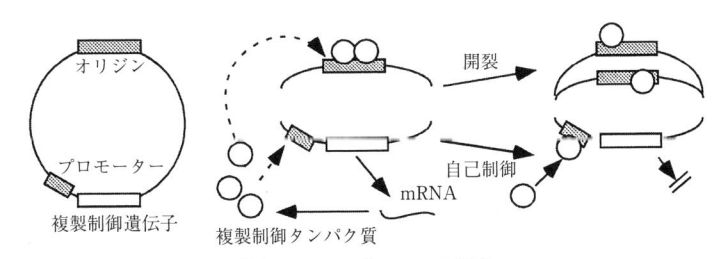

図 6.11 レプリコンの概念

オリジンとプロモーターをもつ環状DNA（図左）の複製制御遺伝子から複製制御タンパク質が生産されてプロモーターとオリジンに結合する（図中央）。さらに複製制御タンパク質が結合することによるオリジンDNA鎖開裂とプロモーターでの複製制御遺伝子転写抑圧を示した（図右）。

ンパク質遺伝子には特定の塩基配列部分が存在し，その配列部分にすでに存在する過剰量の複製開始制御タンパク質が結合すると転写が阻害されて翻訳される複製開始制御タンパク質自体の量が相対的に減少する．

また逆に細胞内で相対的に複製開始制御タンパク質の量が減ると，このタンパク質の遺伝子の特定塩基配列に結合する複製開始制御タンパク質量も少なくなり，結果的に転写阻害も起こらなくなって翻訳も順調に進行し，細胞内複製開始制御タンパク質の相対量も再び増える．

このような機構の結果，複製開始制御タンパク質の細胞内量は一定に保たれるが，これを**自己制御**といい，生物における物質量の基本的な制御方法である．

さらに複製開始制御タンパク質は自身の遺伝子以外の遺伝子のオリジンにも結合し，十分量の複製開始制御タンパク質が2本鎖DNA上のオリジンに結合すると2本鎖DNAの開裂がもたらされる．2本鎖DNAの開裂が起きると，1本鎖DNA当たりの複製制御タンパク質の量，すなわちそれぞれのオリジン当たりのこのタンパク質量も半減し，さらなる複製開始が起こらなくなる．

また複製した後では複製制御質遺伝子が倍加するので，この遺伝子に結合している複製制御タンパク質量は相対的に半減するが，上に述べたように結合タンパク質量の減少によって転写阻害が解除されて再び転写が開始され，複製制御タンパク質の細胞内量が回復する．

このように染色体全体の複製が遅滞なく終了する機構の説明をレプリコンモデルというが，以上からすればレプリコンモデルは**複製開始制御タンパク質がDNA上の特定の塩基配列（オリジン）に結合する**ことに支配されていると理解される．

(5) プラスミドの複製

さて遺伝子操作でベクターとして用いられるプラスミドの複製開始ではmRNAが重要な役割を果たす点が染色体の複製とは異なる．

すなわちプラスミドの複製もmRNA上のプロモーター（後述）から開始されるが，プラスミドの複製ではプロモーターの下流[102]にタンパク質となる遺伝子が存在せず，直接mRNA自身が機能する．つまりmRNAはDNAのコピーなのでオリジンの片方のDNA鎖と相補性をもちmRNAとDNAの間には塩基対が形成される．これをハイブリッド形成という．

> [102] リボソームはmRNAの5′末端から3′末端方向へ情報を読むので5′側を"上流"と呼び，3′側を"下流"という．

ハイブリッド形成の後，DNAの複製と同様にプラスミドの複製が行われるが，プラスミド複製に必要なmRNAを特にプライマーRNA（RNA II）と呼ぶ．

プラスミドは，宿主細胞内で複製されて存在できる数（コピー数）決まっているが，コピー数は複製回数，すなわちプラスミド複製開始に必要なプライマーRNAがオリジンと

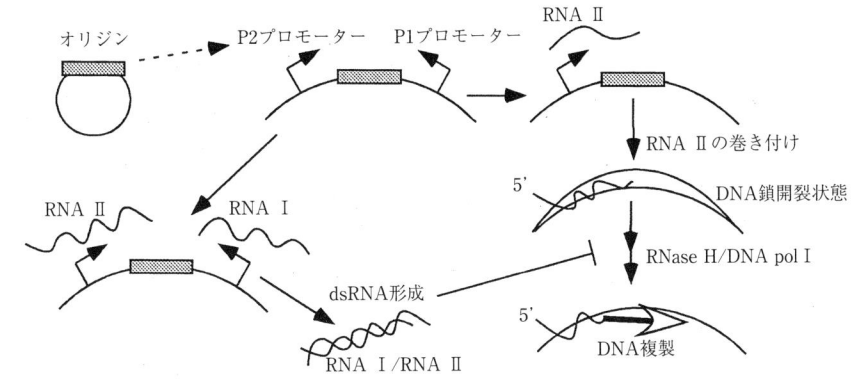

図 6.12　DNA/RNA ハイブリッド形成とプラスミドの複製
ColEI プラスミドには，オリジンをはさんで互いに逆向きの 2 種類のプロモーターが存在する（図上段）。その一つである P2 プロモーターから転写される RNAII はオリジンに巻きついて DNA 複製を引き起こし，他のプロモーターである P1 プロモーターから転写された RNAI は RNAII と 2 本鎖 RNA を形成して結果的に RNAII の DNA 複製活性を失わせる。

RNA－DNA ハイブリッドを形成する頻度によって調節される（図 6.12）。なお生体内で RNA－DNA ハイブリッドはすみやかに解離するのが一般的であるが，プラスミドにおける RNA－DNA ハイブリッドは解離しにくい。

またオリジンではプライマー RNA（RNA II）と逆向きの転写による mRNA（RNA I）も形成されるので，RNA I はプライマー RNA と相補的な RNA－RNA の 2 本鎖となることも可能である。このため複製可能な RNA－DNA ハイブリッド形成の頻度は，RNA－RNA の 2 本鎖の形成頻度にも依存している。

さらに，同じ RNA I と RNA II の組み合わせの場合，すなわち同じコピー数制御機構を持つプラスミドは同一の細菌細胞に共存できない。これを**プラスミドの不和合性**という。プラスミドの不和合性は，複数種のプラスミドを共存させる遺伝子操作では留意すべき現象である。

このようにプラスミドの複製は，不和合性などの**相補的な RNA 分子種による複製制御**という点で染色体複製開始制御と明確に区別される。

6.3　タンパク質合成初発反応としての転写

(1) 転写と複製反応の類似と相違

転写の過程は，基本的には複製過程に非常に良く似ている。すなわちコピーを作るためには，まず遺伝子の上流部分が開裂しなければならない。複製ではその領域をオリジンと呼ぶことは既に述べたが，転写の場合にはこの領域をプロモーターという。

プロモーターの開裂にもオリジン開裂と同様にタンパク質の関与が必要であるが，原核微生物の場合にはシグマ因子（真核微生物の場合は TATA 結合タンパク質）と RNA 重合酵素（RNA ポリメレース）が関与する。

シグマ因子（あるいは TATA 結合タンパク質）がプロモーターに結合した後，さらに

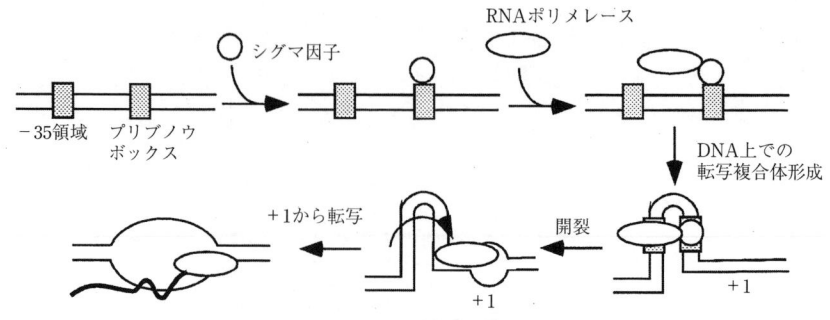

図 6.13 転写の開始

プロモーターの−35 領域とプリブナウボックス（網がけの四角）にシグマ因子が結合すると，RNA ポリメラーゼがプロモーターに保持される。その結果，RNA ポリメラーゼは−35 領域と結合して DNA を湾曲して DNA 鎖は開裂し，開裂部に RNA ポリメラーゼが移動して転写を行う。

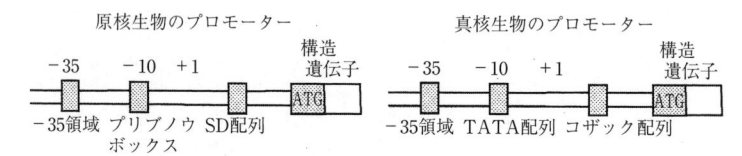

図 6.14 原核微生物と真核微生物のプロモーター構造

転写開始点を+1 とすると原核微生物および真核微生物のいずれにおいても 10 bp ならびに 35 bp 上流に同様の機能をもつ部位が存在する。なお転写開始点下流にも共通の機能をもつ部位が存在するが，存在位置は異なる。

RNA ポリメラーゼが結合して DNA 鎖が開裂する（図 6.13）。つまり**複製および転写反応では，2 本鎖 DNA にタンパク質が結合することによってこれらの鎖に立体的歪みが生じて開裂が進行する**という点で類似する。

なお複製反応では開裂にヘリケースが必要であったが，転写では RNA ポリメラーゼ自身がこの役割を果たしヘリケースを必要としない。また RNA ポリメラーゼは足場を必要とせず，プライマーなしに RNA 鎖を重合する。

さてプロモーターの構造はどのようなものであろう。プロモーターへ特異的なタンパク質（シグマ因子など）が結合する事実は，プロモーター領域に特定の DNA 配列があることを示している。このような配列を原核生物ではプリブナウ配列（Pribnow box）と呼び，真核生物ではターター配列（TATA box）と呼ぶ。

いずれの配列も T−A−T−A の 2 種類の塩基が 7 塩基対（bp: base pair）繰り返す配列である。この配列の 35 bp ほど上流を−35（マイナス 35）領域と呼び，RNA ポリメラーゼの結合に関連している。またプリブナウ配列（またはターター配列）の 10 bp 下流にはプラス・ワン点（+1 点）と呼ばれる RNA 合成転写開始点があり，そのさらに下流にはタンパク質合成開始信号配列（前出のシャインダルガノ配列（SD 配列，真核微生物ではコザック配列という）が存在する。なお図 6.15 に転写の過程をまとめた。

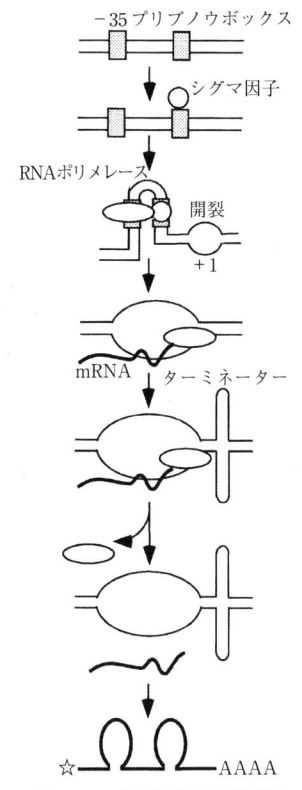

図 6.15 転写反応の素過程

(a) シグマ因子によるプロモーター配列への結合（認識）：原核微生物には数種類のシグマ因子が存在し，それぞれ認識配列が異なるので，転写の制御と調節が可能である。なお真核微生物では多数の転写制御因子の関与によって複雑な転写調節が可能となる。

(b) RNA ポリメレースとの接触による DNA 鎖開裂：シグマ因子に RNA ポリメレースが接触してプロモーターが開裂する。なおプロモーターは容易に開裂する配列（AT に富む配列）をもつ特徴がある。

(c) RNA ポリメレースによる RNA 鎖の伸長：RNA ポリメレースは転写開始点から RNA 重合を開始し，DNA 鎖を解きながら下流へ重合反応を進行させる。解けた DNA 鎖は RNA ポリメレースの通過後に巻き戻される。

(d) 転写終結：DNA 鎖上に RNA ポリメレースが解くことのできない配列（ターミネーター）が現れると RNA ポリメレースは重合を終了して離脱する。なお真核微生物では mRNA の先端が修飾された後（キャップ構造），不要な配列が取り除かれ（スプライシング），A の繰り返しから成る polyA が付加される。

(2) オペロンと転写制御機構

転写の開始反応は DNA 鎖開裂反応であるので，開裂を調節することによって転写を制御することが可能である。

しかしプロモーター結合できるタンパク質はシグマ因子（あるいは TATA 結合タンパク質）と RNA ポリメレースだけではなく，転写反応には直接的に関係しない他のタンパク質も結合し得る。そのようなタンパク質が DNA に結合した場合にも DNA の立体構造に歪みが生じ，結果的に開裂反応に影響を与える結果となる。

このように誤った開裂反応を防ぐためにもプロモーター領域の DNA 配列は重要である。このため生物では前述の基本的プロモーター構造に加えて，タンパク質が結合し得る配列

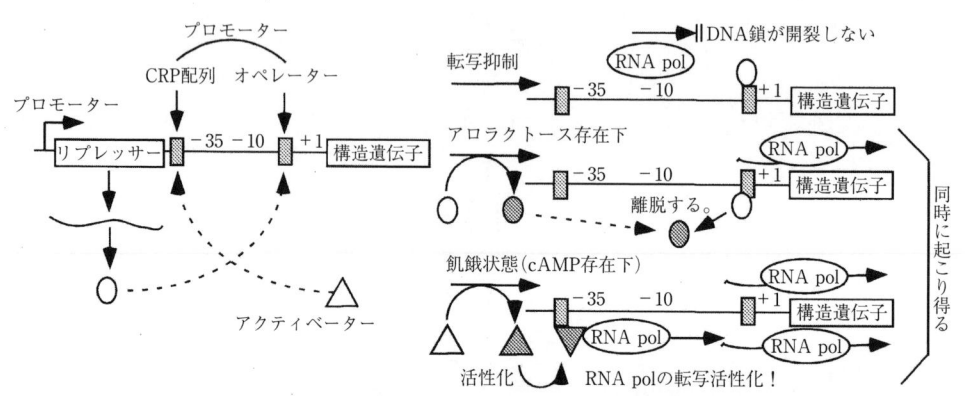

6.3 タンパク質合成初発反応としての転写

図6.16 大腸菌のラクトースオペロンと転写調節

図左側にラクトースオペロンの模式図を示し，また図右側にはアクティベーターとリプレッサーがそれぞれプロモーター領域の CRP 配列とオペレーターに結合する様子を示した。なお図右側の最上段は転写抑制状態を示し，中段ならびに下段には誘導剤であるアロラクトースによってカタボライト抑制が解除された状態ならびに飢餓状態で生産される cAMP によってカタボライト抑制が解除される状態を示した。

の存在する場合も多く，結合するタンパク質の性質，およびタンパク質結合配列とプロモーターとの位置関係に依存して転写が促進（転写誘導）され，あるいは抑制（転写抑圧）される。

オペロンとは同一の転写制御を受ける複数の遺伝子にまたがる転写単位を意味し，転写に抑制的に働く配列と促進的に働く配列をもつ。オペレーターはプリブナウ配列の下流に存在し，転写に抑制的に働くタンパク質（リプレッサー）が結合すると，RNA ポリメレースが存在しても DNA 鎖の開裂は阻害される。他方，－35 領域の上流には転写に促進的に働くタンパク質（アクティベーター）の結合部位が存在し，アクティベータがこの部位に結合すると RNA ポリメレースが活性化されて転写を促進する。

このような転写制御の例として大腸菌のラクトース・オペロンがよく知られている（図6.16）。大腸菌ラクトース・オペロンは，ラクトース・リプレッサーとラクトース・オペレーターによって制御される転写単位であり，ラクトース・リプレッサーが結合するとこのオペロンの転写は抑圧される。しかし大腸菌によるラクトースの代謝産物[103]はラクトース・リプレッサーと結合して不活性化するのでリプレッサーはオペレーターに結合できなくなり，結果的に転写抑圧は解除される。

> [103] 具体的にはアロラクトース（allolactose）。有機化学的にはガラクトースの1位がグルコースの6位に結合したガラクトピラノース-($\beta1\to6$)-グルコピラノース。

他方，飢餓状態にある細菌細胞内にはサイクリック AMP などの飢餓物質が蓄積されているが，この飢餓物質とアクティベーターの複合体はプロモーターに結合することによって RNA ポリメラーゼの結合を促進し，結果的に転写は促進される。

このように遺伝情報の本体である DNA に結合するタンパク質が遺伝情報の伝達と発現

表 6.2 代表的な制限酵素

制限酵素名	認識配列と切断部位（▼）
*Bam*HI	5′…G▼GATCC…3′
*Eco*RI	5′…G▼AATTC…3′
*Hinc*II	5′…GTPy▼PuAC…3′
*Pst*I	5′…CTGCA▼G…3′
*Sau*3AI	5′…▼GATC…3′
*Sma*I	5′…CCC▼GGG…3′

を制御している場合も多く，またそのために遺伝子操作に際しては上記のように特性の明らかなラクトース・オペロンを人為的に組み込んだベクターを用いることも多い。

なお転写に続く翻訳反応にも，mRNA が関与して反応が制御される場合がある。例えばアミノ酸の一種であるトリプトファン（Trp）を合成する酵素（トリプトファン合成酵素）をコードするトリプトファン・オペロンは，トリプトファン（Trp）とこのアミノ酸に対応する tRNA の複合体（Trp-tRNA 複合体）が細胞内に十分に存在するとトリプトファン合成酵素を翻訳しない。すなわち mRNA 上のトリプトファンを指定するコドン上の Trp-tRNA の量が多いとリボゾーム機能が停止し，その結果，トリプトファンをコードするコドン下流の mRNA 立体構造が変化して mRNA はリボゾームから離脱し，翻訳反応が終了する。このような機構はアテニュエーションと呼ばれる。

6.4 遺伝情報維持と制限・修飾現象

遺伝情報の発現には複製・転写・翻訳の反応が逐次的かつ連続的に進行することはすでに述べてきたが，これらの一連の反応が遅滞なく継続的に進行するためには遺伝情報が変化せずに維持されることが必要である。

遺伝子が変化する理由として塩基配列の変化，あるいは外から取り込んだ（あるいは入り込んだ）遺伝子（外来遺伝子あるいは非自己遺伝子）を自身の遺伝子（自己遺伝子）と間違える場合などが考えられる。

前者の変化（塩基配列の変化）が正確な複製の実施によって解決されることはすでに述べたが，自己遺伝子と外来遺伝子の区別はどのように行われるのであろうか。

両者を区別する最も確実な方法は，自己遺伝子には印を付け，他方，印のない遺伝子を外来遺伝子と認識して排除（分解）することであろう。

事実，微生物は自己遺伝子の特定の塩基配列をメチル基でメチル化して印を付ける（修飾現象）。すなわちメチル化されていない遺伝子は外来遺伝子であり，DNA 分解酵素による分解対象となる。このような現象を制限現象といい，またメチル化されていない外来遺伝子（非自己遺伝子）を分解する酵素を制限酵素という。

微生物ごとに自己遺伝子と非自己遺伝子の DNA 配列は異なるので，自然界には多種多

様な配列を認識し，切断する制限酵素が存在する。次項で述べる遺伝子操作では，このような多様な制限酵素を利用して人為的に遺伝子を切断することが行われる。

さらに染色体が傷付いたり，切れたりした場合には，その損傷箇所に対応する相補鎖を正常な染色体と組み換えて修復する[104]。これを修復現象という。修復現象はDNA複製酵素やDNAリガーゼなどの酵素が関与する反応であり，制限現象と同様に遺伝子操作において人為的な遺伝子の組み換えに利用される。

> [104] 相同的な染色体の間で起きる部分交換を組み換えという。古典的遺伝学では子孫に表れる形質の分離比に基づいて染色体上の遺伝子配列を決定することが行われるが，"親"では同一の染色体上にあると推定される遺伝子が"子"ではそれぞれ別の染色体上にあると考えざるをえない場合が生じた。これは"親（両親）"染色体の一部が入れ替わって，両親にはない遺伝子の組み合わせが"子"にできたと理解されることから，組み換えの概念が生まれた。

6.5 微生物の遺伝子操作

(1) DNAとRNAの調製と検出

DNAの調製には古くはフェノール抽出法などの煩雑な方法も用いられたが，エタノール沈殿法が最も簡便であるので広く採用されるようになり，また最近は以下に紹介するアルカリ法や塩化セシウム（CsCl）密度勾配遠心法などの簡便な調製法も開発されて頻用されている。

(a) エタノール沈殿法

本法は，DNAやRNAが分子内の糖部分に由来する水酸基で水和しているので，塩存在下で核酸溶液にエタノールを加えると脱水して沈殿することを利用する。一般的には最終濃度0.3Mの酢酸ナトリウムと最終濃度70%（v/v）のエタノールが用いられる。沈殿物を遠心分離して回収した後，冷却した70%（v/v）エタノールで遠心洗浄して不純物を除き，適当な緩衝液に溶解して使用する。

(b) アルカリ法

本法は，プラスミドDNAが約3 kbp（キロ塩基対：1 kbpは1,000塩基対）程度の比較的小さな環状分子であるのに対して，微生物染色体DNAは4,500 kbp以上の超巨大環状分子であることを利用してプラスミドDNAを調製する方法である。すなわちアルカリSDS（ドデシル硫酸ナトリウム塩）存在下においてプラスミドDNAは比較的安定であるが，染色体DNAは切れて1本鎖の線状DNAとなる傾向があり，さらに1本鎖DNAは細胞内のタンパク質と容易に結合し複合体を形成する。したがって1本鎖DNA-タンパク質複合体を塩析によって除去するなら非変性の2本鎖DNA（プラスミドDNA）を回収することが可能である。

(c) 塩化セシウム（CsCl）密度勾配遠心法とインターカレート法

塩化セシウム（CsCl）密度勾配遠心法は，溶媒中でのコロイド粒子の浮遊密度の違いを利用する方法である。一般にDNAの浮遊密度は 1.7 g/mL であり，またRNAの浮遊密度は 2.0 g/mL であるので，濃度勾配のある塩化セシウム溶液環境下で遠心分離するとDNAとRNAの分離が可能となる。

他方，臭化エチジウム（EtBr）はDNA2本鎖の塩基対間に入り込んで（この現象をインターカレートという），溶液中におけるDNAの浮遊密度を変化させる。生体内における通常のラセンDNAと切断された線状DNAとではインターカレートできる臭化エチジウムの分子数が異なるので，両者の浮遊密度に差異が生じ，塩化セシウム密度勾配遠心法と組み合わせると生体内と同じラセン状態のDNAを回収できる。なお以下でも触れるように臭化エチジウムが入り込んだDNA分子は紫外線照射下に蛍光を発するので，インターカレートはDNAの検出にも応用される。

(d) イオン交換クロマトグラフィー法

その他にもDNA分子のもつ陰電荷を利用してイオン交換樹脂によるクロマトグラフによってDNAを回収する方法も用いられるが，DNA以外にも電荷をもつ生体成分が多いので本法単独でDNAを調製することは少なく，多くの場合は先に述べたアルカリ法と組み合わせて用いられる。

他方，調製したDNAやRNAは溶液状態で紫外部に吸収極大を持つので，溶液の260 nmの吸光度から定量することができる。2本鎖DNAの場合，波長269 nmでの1吸光単位を示す試料溶液1ミリリットルには約40マイクログラムの2本鎖DNAが存在する。なおこの価はRNAや1本鎖DNAには該当しない。

また純度は 260 nm と 280 nm の吸光比からDNAやRNAの純度を推定することができ，純度の向上に伴って 269 nm/280 nm の吸光比は 1.7 に近づく。

さらに調製したDNAは，ゲル電気泳動法と前述の臭化エチジウムのインターカレート法を組み合わせて検出する場合が多い。DNAの電気泳動の原理と方法は一般生化学で用いられるタンパク質の電気泳動と同様であり，DNAとの相互作用のないアガロースゲルやポリアクリルアミドゲルなどの支持体の架橋度に依存する分子ふるい効果によってサイズ別にDNA分子を分画する。

例えばアガロースゲルは 1 kb 以上のDNAやRNAの分画に適し，アクリルアミドゲルは 1 kb 以下の分画に適する。また支持体の架橋密度から分画DNA分子量を推定することも可能であるので，制限酵素で分解した[105]DNA断片の大きさの推定にも用いられる。このように電気泳動と臭化エチジウムによる染色によって制限酵素の作用点（DNA切断部位）を推定することができるが，これを制限酵素消化による**遺伝子地図の作製**あるいは**マッピング**という。次項で述べる遺伝子クローニングの場合，あらかじめベクターあるいはインサートのどの部位にどのような制限酵素が作用するのかを知っておくことは重要であり，したがって遺伝子地図の作成も重要である。

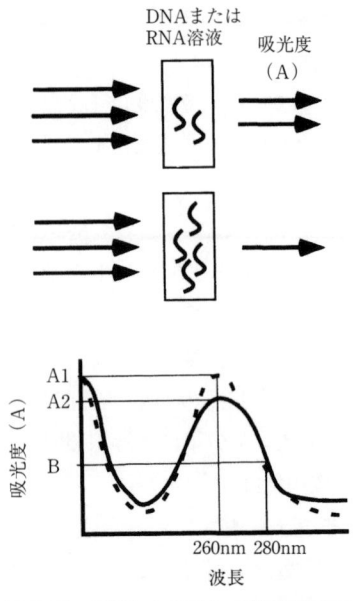

図6.17 DNAとRNAの紫外線吸収

DNAやRNAは紫外光を吸収する性質があり，その程度（吸光度）は溶液中のDNAとRNA濃度に比例する。またいずれの核酸も吸収極大が260 mにあることを下段の図に示した（実線：DNA，破線：RNA）。純粋なDNAの260 nm/280 nm吸光度比（A2/B）は1.7であり，また純粋なRNAの吸光度比（A1/B）は2.0であるが，タンパク質の吸収は280 nmにあるので，核酸標品にタンパク質が混入するとこれらの値は変化する。

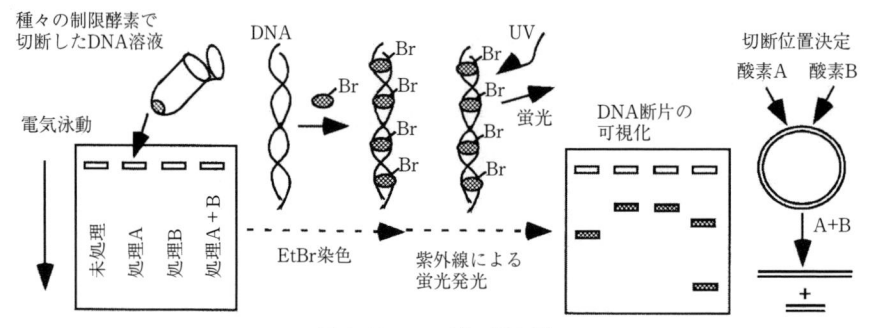

図6.18 マッピングの例

DNAをアガロースゲルを支持体として電気泳動すると，DNAの分子量によって易動度は異なるので，泳動後にゲルを臭化エチジウムで染色して紫外光を照射するとインターカレートによってDNAバンドが可視化される。したがって種々の制限酵素を組み合わせて消化したDNA標品を電気泳動することによって遺伝子地図（制限酵素地図）を作成することができる。この操作をマッピングという。

> 105) 制限酵素によるDNA鎖の切断を"消化"という。

なお臭化エチジウム以外にも，タンパク質の電気泳動に頻用される銀染色をDNAの検出に使用する場合もある。この方法はDNA分子内の還元糖によって塩化銀が還元され，

銀粒子を形成することを原理とする。タンパク質電気泳動の染色の場合と同様に高感度検出が可能であるが，アガロースゲルには還元糖が存在するのでアガロースゲルを泳動支持体とする場合には銀染色は使用できない．

　他方，以上とは別に目的の配列を持った DNA のみを検出する方法もあり，相補的な2本の1本鎖 DNA が水素結合で安定な2本鎖 DNA を形成することを原理とする。

　例えば種々の遺伝子を含む DNA を電気泳動して分画した後，泳動支持体ゲルにニトロセルロース膜を圧着すると，それぞれの画分に泳動した DNA 断片はこの膜に吸着する。この膜を，放射性同位元素や蛍光色素などで標識した目的遺伝子に相補的な1本鎖 DNA 溶液に浸すと，放射線量や発光からどの画分に目的遺伝子が存在するのかを知ることができる[106]。この方法をハイブリダイゼーション法といい，放射性同位元素や色素で標識した相補的1本鎖 DNA をプローブという。

　当然のことながらハイブリダイゼーション法は mRNA の検出にも応用可能であり，mRNA を検出する場合をノーザンハイブリダイゼーション，DNA を検出する場合をサザンハイブリダイゼーションと呼んでいる[107]。

> [106]　第5章で詳しく述べる標識免疫法と同じ原理である。

> [107]　ハイブリダイゼーションには雑種形成という訳語が当てられているが，通常は原語のまま使用される。なおサザンハイブリダイゼーションは1975年に E. Southern によって開発されたことに因み，またノーザンハイブリダイゼーションはサザン（南側の）に対するノーザン（北側の）という科学的遊び心に因むといわれている。

(2) 遺伝子クローニング

　以上のように調製し検定した目的遺伝子（DNA 断片）をベクターによって宿主細菌細胞中に導入することを遺伝子クローニングという。

　遺伝子クローニングでは制限酵素を用いて，ベクター DNA を切断し，あるいは目的遺伝子（目的 DNA，これをインサートあるいはパッセンジャーと呼ぶことはすでに述べた）を切り出した後，これらを連結するが，ここでベクターとインサート（パッセンジャー）の切断面の形を同じにすることに留意しなければならない。

　表6.2に示したように，制限酵素は異なる DNA 鎖の特定の塩基配列を認識して2本鎖 DNA を切るので，DNA 鎖切断部には凹凸ができる場合がある。したがって2種類のDNA（ベクター DNA とインサート）を連結するためには，$5'→3'$ のような両方の DNAの方向性と凹凸面が合致しなければならず），さらに凹凸部分の DNA 配列も相補的でなければならない。したがって最も簡単に二種類の DNA 鎖を連結するためには，ベクターもインサートも同じ制限酵素で切断するとよい。なおこの連結反応には前述の DNA 連結酵素（DNA リガーゼ）が用いられる。

　大腸菌を例にとると，インサートが連結されたベクター DNA（組み換えプラスミドあ

6.5 微生物の遺伝子操作

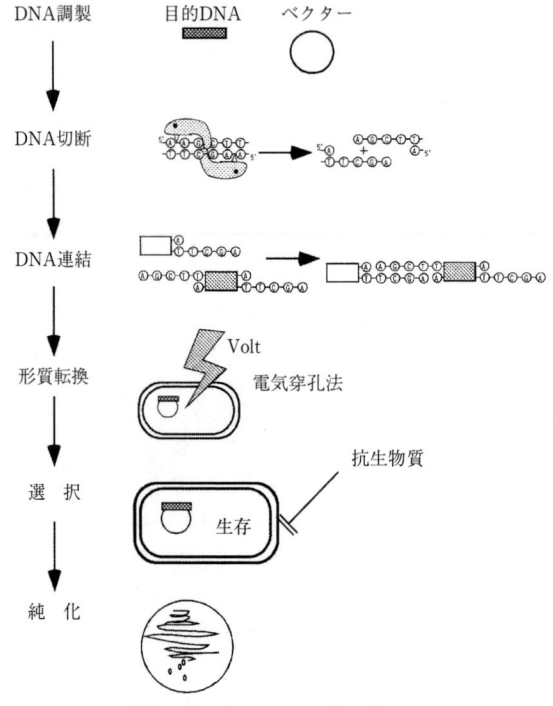

図 6.19　クローニングの流れ
DNA を調製した後，制限酵素で消化し，さらに DNA ライゲースで連結反応を行なう。次いで本文で述べた方法による形質転換と選択を行い，目的の菌株を単離する。

るいは組み換えファージ）を大腸菌細胞に導入して形質転換を行うが（図 6.19），細胞膜が外部からの物質の障壁となる。先の章でも述べたように[108]細胞膜は両親媒性（両極性）でひとつの分子内に電荷をもつ親水性部と電荷のない疎水性部をもつので，大腸菌細胞に瞬間的に高電圧をかけて一過的に細胞膜構造を破壊して障壁を解消し，同時に陰電荷をもつ DNA を細胞内に打込む電気穿孔法を用いる場合も多い。この方法では打込まれた DNA はリボソームなどの巨大な細胞内分子と衝突して細胞内に保持される。

[108]　細胞膜の極性については 1 章 1.6 に詳しく述べた。

　さらに次に，ベクター上の選択マーカーを指標として形質転換した大腸菌細胞のみを選び出す。この培養液を選択可能なプレートに一面に塗る。例えば選択マーカーが抗生物質ストレプトマイシン耐性である場合，寒天平板培地にストレプトマイシンを添加した寒天平板培地（選択プレート）に電気穿孔処理後の大腸菌を接種すると，ストレプトマイシン耐性マーカーベクターを保持している大腸菌，すなわちベクターを保持する大腸菌細胞のみが増殖してコロニーを形成する。

　先にも述べたように，ひとつのコロニーを形成する菌塊は 1 細胞に由来するので選択プレート上で選択されるコロニーには目的インサートをもつ組み換えプラスミドが存在する

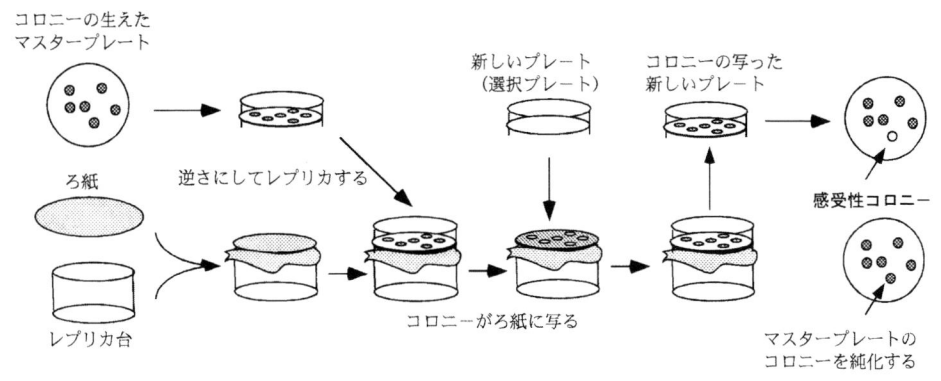

図6.20 レプリカ法

プレート（マスタープレート）表面に形成したコロニーに滅菌したろ紙を圧着し，コロニーをろ紙に写し取る。次いでこのろ紙を抗生物質などを含むプレート（選択プレート）表面に押し付けてマスタープレートのコロニーを選択プレートに写し替え（レプリカ），培養して出現するコロニーをマスタープレートと比較して形質転換した細胞を選別する。一度に多数のコロニーを検定選別できる利点がある。

形質転換細胞であるので，コロニーをから釣菌して大量培養した大腸菌細胞からプラスミドを調製して直接的に確認することも可能である。

次に問題になるのは実際にどのようなベクターやホストを使って，どのような手段で効率よく遺伝子クローニングを行うかである。換言するなら，望む組み換えプラスミドをもつ形質転換体をいかに効率よく選別するかということとなるが，この選別操作をスクリーニングという。

最も簡単なスクリーニング法は挿入失活法である。この方法は，薬剤耐性マーカー遺伝子をもつベクターのマーカー遺伝子にDNA断片をクローニングすると，その薬剤に対する耐性が失われて感受性になる現象を原理とする。

例えばよく用いられるpBR322というプラスミドには制限酵素 PstI によって切断されるアンピシリン[109]耐性遺伝子が存在するので，この制限酵素を用いてクローニングを行うと形質転換された微生物細胞は選択プレートであるアンピシリン添加培地では増殖できなくなる。したがって，通常の栄養培地では増殖可能であるが選択プレートでは増殖不能なコロニーを選抜するなら形質転換細胞を得ることができる。なおこの比較と選抜には図6.20に示すレプリカ法が用いられる。

> [109] アンピシリンは細胞壁合成を阻害する抗生物質である。

さらにコロニーの着色から形質転換細胞と非転換細胞とを区別するカラーセレクション法もスクリーニングにしばしば用いられる。

この方法はインサートがベクターのクローニング部位に挿入されると，ベクターが本来的にもつ遺伝子の機能が失われ，プレート上で形質転換細胞が無色のコロニーを形成することを原理とする。例えばλgt-11ファージはガラクトースのβ（1→6）結合を切断する酵素の遺伝子（β-ガラクトシダーゼ遺伝子，*lacZ*遺伝子と表記される）をもつ。βガラ

クトシダーゼは，β（1→6）に色素が付加した X-gal という人工基質をも分解し，青色を呈色する。したがって lacZ 遺伝子中にインサートが組み込まれると β ガラクトシダーゼが合成されないのでコロニーは呈色せず，形質転換細胞（組み換え体）を選択することが可能である[110]。

> 110) lacZ 遺伝子の上流にはこの遺伝子のリプレッサーが存在し，前述のラクトースオペロン誘導剤の存在下でのみ lacZ 遺伝子が転写される。前項では誘導剤としてアロラクトースを例示したが，クローニングの場合にはイソプロピル–β–D ガラクトピラノシド（IPTG）を誘導剤とする。

さらにベクターが，lacZ 遺伝子に加えて上に述べたアンピシリン耐性遺伝子をもマーカー遺伝子としてもつなら，アンピシリン耐性と非呈色の二つの指標に基づいて組み換え体をスクリーニングすることもできる。

(3) 遺伝子の増幅と塩基配列の決定

クローニングの後の遺伝子の増幅と塩基配列の決定は PCR（polymerase chain reaction）法が有効である。

図 6.21 に示すように PCR 法の原理は 3 段階の反応から成る試験管内での DNA 複製反応である。すなわち短い 1 本鎖 DNA（プライマー DNA）と基質（4 種類の塩基）存在下に，(1) 鋳型となる 2 本鎖 DNA を加熱して 1 本鎖 DNA へ変性させ，次に (2) 増幅したい特定部位の DNA 鎖の両端に相補的な 17 塩基程度のプライマーを加えて温度を下げ，プライマーと DNA 鎖の相補的部分との間で 2 本鎖を形成させる（アニーリング）。さらに，(3) この状態で DNA 合成基質である 4 種類の塩基存在下に DNA 複製酵素を作用させるとプライマー部位から DNA 相補鎖が合成される（エクステンションあるいは DNA 鎖伸長）。

これらの 3 段階の反応を 1 サイクルとすると，最初の 2 サイクルでは長さが不揃いな部分 2 本鎖 DNA が合成されるが，それ以降はプライマーに挟まれた部位の長さの揃った 2 本鎖が生成する。

また 1 回の反応で生成した DNA 鎖は次回の反応の鋳型となるので指数関数的に DNA 鎖が合成されて数十サイクルの反応後にはきわめて多量の DNA 鎖が生成することとなる（DNA の増幅）。

なお PCR 法で用いられる DNA ポリメラーゼは，熱変性の段階での失活を防ぐために耐熱性であることが必須である。

PCR 法で試料 DNA を増幅した後に塩基配列を決定する。かつて塩基配列はマキサム・ギルバード法などの煩雑な方法によって決定行われたが，今日ではダイデオキシ法と PCR 法を組み合わせた簡便で高感度のサーマル・サイクル・シークエンシング法で決定される。

サーマル・サイクル・シークエンシング法では，まず PCR 反応の DNA 複製酵素によ

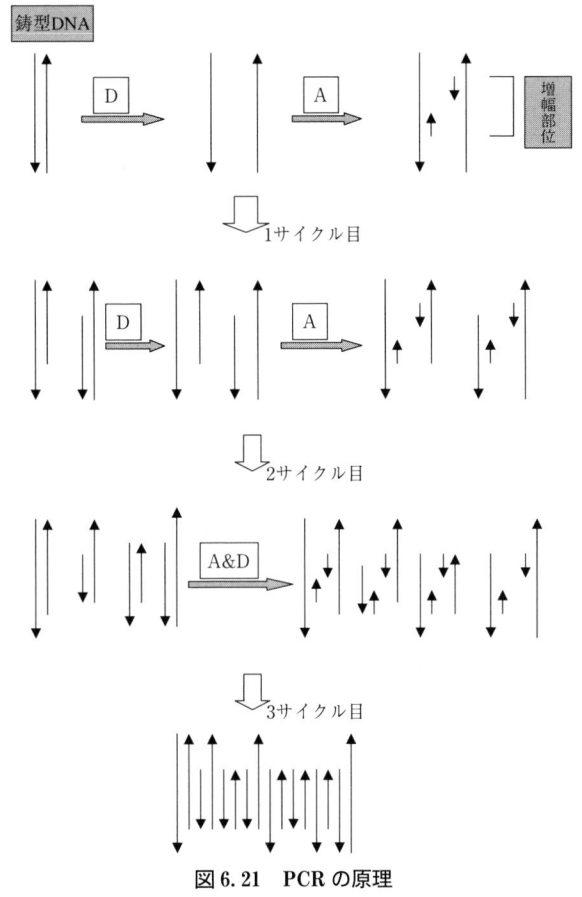

図 6.21 PCR の原理
D および A は，それぞれ変性（denaturation）とアニーリング（annealing）を意味する。

る重合反応基質として 4 種類のデオキシリボ三リン酸（deoxyribonucleic acis triphosphate：dNTP）のほかに 4 種類のダイデオキシリボ三リン酸（dideoxyribo nucleic acid triphosphate：ddNTP）を添加する。ddNTP は 3′ 位に水酸基がないので基質として新生鎖に取り込まれると，以後の重合反応が停止し，確率的にさまざまな長さの 2 本鎖 DNA 鎖が生成する。

次いでこれらの DNA 鎖を変性ポリアクリルアミドゲルを支持体とする電気泳動によって 1 本鎖 DNA として分離するが，変性ポリアクリルアミド電気泳動は一つの塩基による長さの違いも泳動度に反映されるので精確な分画が可能である。

最後に泳動後のゲルから目的 DNA を抽出し自動塩基配列決定装置（オートシークエンサー）による塩基配列の決定（シークエンシング）を行う。

(4) 発現ベクターとタンパク質の生産

かつては酵素などの微量なタンパク質を生化学的方法で精製するために，熟練を要する煩雑で数多い操作を必要としたが，今日では発現ベクターというタンパク質生産用のベク

6.5 微生物の遺伝子操作

ターを用いて遺伝子工学的な方法で微量タンパク質を生産し精製することが広く行われるようになった。

先にも述べたようにタンパク質はRNAから翻訳されて合成されるので，目的タンパク質をコードする遺伝子のmRNAが多量に転写されるとタンパク質の生産量も増加する。そのために発現ベクターには，強力なプロモーターと認識されやすいSD配列，およびSD配列下流の翻訳に適した位置にクローニング部位が存在する。すなわちこのような構成の発現ベクターを用いてクローニングを行って生産タンパク質量を増大させることが可能となる。

さらに生産されるタンパク質分子を遺伝子工学的に修飾して回収効率を向上させることも行われる。例えば細胞内に存在する目的タンパク質を精製し回収するためには，細胞を物理的あるいは化学的に破壊して細胞質を抽出しなければならない。しかし，このタンパク質をコードするDNAに疎水性アミノ酸から成るシグナルペプチドの遺伝情報を付加するなら，タンパク質は疎水的な細胞膜を通過して細胞外に分泌されて回収率は大幅に向上するであろう。このような修飾が実際の遺伝子工学的生産の場において実施されていることは本章のはじめにインシュリンの例で示したとおりである。

二十世紀後半は遺伝子操作技術が大きく開花した時代であったが，同時に遺伝子操作技術に対する社会的意識も多様化したことも事実である。科学的観点からすれば微生物の遺伝子操作は微生物の有用性を拡大する技術に過ぎないが，問題とすべきはその技術の結果を社会との関係においてとらえることである。微生物の遺伝子操作を感情的に批判するのではなく，客観的に理解し，科学的な利用を図ることこそが若い学生諸君に求められている責務でもあろう。

7 ウイルスあるいはファージ

7.1 ウイルスの構造

　微生物が病気の原因となることが知られる以前は，ラテン語で"毒性物質"を意味するウイルス（virus）という語が病気の原因を指す言葉として用いられた。その後，病原微生物が発見された後も，ウイルスという言葉は病気や病原性微生物と同義語として用いられ，この語が現代のウイルスの意味で使われ始めたのは二十世紀半ばになってからである。

　以下に詳しく述べるようにウイルスはタンパク質で被われた感染性核酸であり，ウイルス自体には微生物のような固有の代謝系や核酸複製機構あるいはタンパク質合成機構が存在しない。したがってウイルスは宿主細胞（host cell）内に侵入（感染）し，宿主の代謝系や機構を利用して自己の核酸やタンパク質を合成する。

　微生物などの生物細胞は"自己の核酸やタンパク質を固有の機構と代謝系を用いて複製および合成して自律的な増殖能を有する"と定義されることからすれば，ウイルスは生物というよりはむしろ無生物粒子として扱うことが適当であり，たとえウイルスがタンパク質や核酸のような生体関連物質から構成されていることを考慮しても，生物と無生物の境界に位置する粒子と理解するべきである。

　なお細菌やその他の微生物にのみ感染するウイルスの一群は特にバクテリオファージ（bacteriophage）あるいは単にファージ（phage）と呼ばれ，動植物ならびに微生物のいずれにも感染する広義のウイルスとは区別されている。またファージは特定微生物のみを宿主とする宿主特異性が高く，また感染機構や粒子の増加プロセスが明らかであることから，微生物の遺伝子組換えで重要な役割を果たしており，特に図7.1に示したT偶数系ファージ[111]は宿主特異性が高いので典型的ファージとして微生物の遺伝子組換えに頻用される。

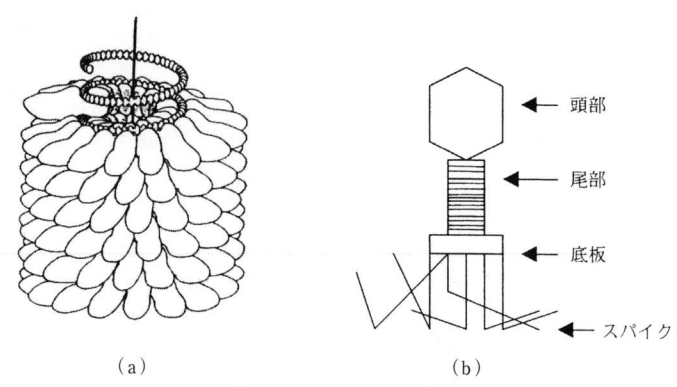

図7.1 ウイルスの構造

ウイルスの形態はきわめて多様であるが，タバコモザイクウイルス（a）のような房状構造の粒子とT偶数系ファージ（b）のような六面体構造の粒子に大別することができる。

> 111) T偶数系ファージにはT$_2$, T$_4$, T$_6$ファージなどがあり，大腸菌B株にのみ感染する。

基本的にファージは頭部（head）と尾部（tail）から構成される。頭部は，核酸のまわりをタンパク質が被っている構造であるが，このタンパク質をコートタンパク質（coat protein）という。頭部に存在する核酸はデオキシリボ核酸（DNA）あるいはリボ核酸（RNA）のいずれか一種類のみであり，前者をDNAファージといい，後者をRNAファージという。なおT偶数系ファージは代表的なDNAファージであり，頭部には粒子の乾燥重量の約50%に相当する約$1.3×10^8$塩基対のDNAが存在するが，これは分子量30,000程度のタンパク質を約二百種類コードする塩基対である[112]。

> 112) これらのタンパク質は，コートタンパク質や溶菌酵素が主である。

他方，尾部の構造はファージの種類によって著しく異なるが，中が空洞の中空コア，伸縮性のある鞘，末端の底板，およびその下のスパイク（あるいは尾部繊維ともいう）を基本構成部品とし，次の項で述べるように宿主への感染に重要な役割を果たしている。

7.2 ウイルス（ファージ）の感染と粒子数の増加

DNAウイルス（ファージ）は図7.2および図7.3に示す機構プロセスによって宿主に感染し，粒子数を増やす。すなわちその詳細は

(1) ウイルス（ファージ）が，その尾部底板のスパイクによって宿主細胞表面に吸着する。広義にはこの段階を感染（infection）という。なお宿主細胞表面にはファージ受容体が存在する（図7.1（a）および図7.3）。

(2) ウイルス尾部の鞘の伸張と収縮によって尾部が宿主の細胞壁と細胞膜を貫通し，細胞質に達する（図7.1（b）および図7.3）。

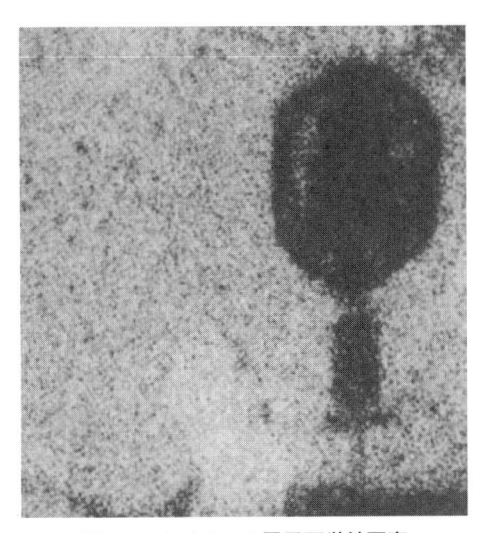

図7.2 ウイルスの電子顕微鏡写真
T2ファージが宿主微生物細胞に吸着した瞬間（倍率15,000倍）。

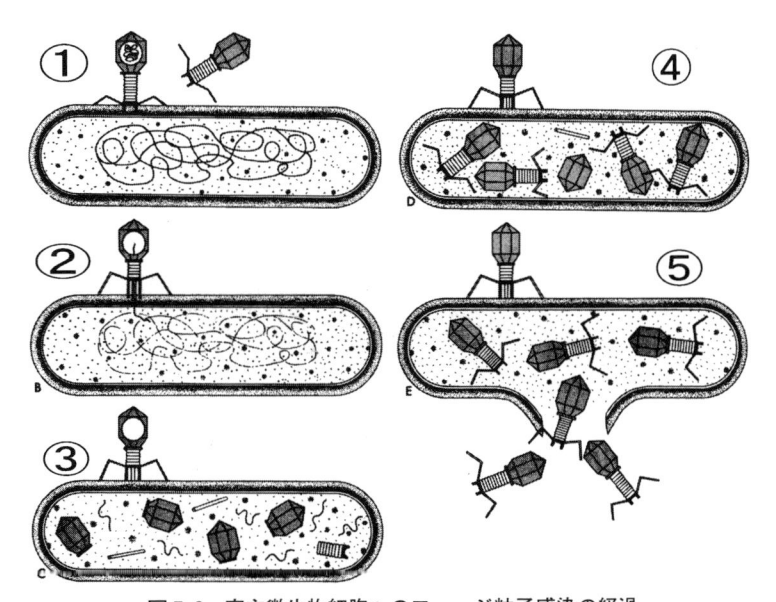

図7.3 宿主微生物細胞へのファージ粒子感染の経過
ファージ粒子が宿主微生物に吸着した後（①），細胞壁を貫通した尾部を通してファージDNAは宿主細胞内へ注入され，宿主DNAと融合してキメラDNAが形成される（②）。その後，宿主細胞の機構を利用してキメラDNAの複製とキメラタンパク質の合成が行われ，in vivoでのパッケージを経て（③）新たなウイルス（ファージ）粒子が形成される（④）。増加した粒子は溶菌系（⑤）あるいは溶原系（④の維持）のいずれかの系をたどる。

(3) ウイルス尾部の中空コアを通してウイルス DNA が宿主細胞質内に注入される（図 7.3）。

(4) 宿主細胞の酵素によってウイルス DNA と宿主 DNA の融合が起き，その結果，宿主細胞内にはウイルス DNA を組み込んだ宿主 DNA が存在する（図 7.3）。なお，このように由来の異なる DNA の連結をキメラ DNA という[113]。

> 113) キメラ（chimera）はギリシャ神話に現れる想像上の動物で，ライオンの頭，ヤギの胴，ヘビの尾をもつ。これから異種の組み合わせを意味する場合にキメラの語を冠することがある。

(5) 次いで宿主細胞の DNA 複製に関与する酵素群（宿主 DNA 複製機構）によるキメラ DNA の複製が始まり，結果的に宿主細胞内にはウイルス DNA（より正確にはウイルス DNA を含むキメラ DNA）が大量に存在することとなる。これをコピー数の増加という（図 7.3）。また宿主 DNA 複製の機構については，すでに第六章で詳細に述べた DNA ので本章では省略する。

(6) これと同時にリボゾームや RNA ポリメラーゼならびに t-RNA などの宿主のタンパク質合成機構を用いてキメラ DNA にコードされているタンパク質（キメラタンパク質）の合成が開始される。なおタンパク質の合成についても第 6 章で詳述した次いでキメラタンパク質からウイルス DNA に由来するタンパク質が切り離されて，頭部のコートタンパク質や尾部の中空コア，鞘，底板やスパイクなどのウイルスに固有タンパク質が宿主細胞内に多量に蓄積される（図 7.3）。

(7) 上記（6）と並行して制限酵素によってキメラ DNA からウイルス DNA が切り離される。制限酵素はウイルス DNA にコードされている場合が多い。

(8) これらのウイルス粒子の構成部品，すなわちウイルス DNA，コートタンパク質，尾部，スパイクなどが静電気的に集合し，宿主細胞内で化学的ウイルス粒子の構築が行われる。これを細胞内でのウイルス粒子のパッケージ（*in vivo* packaging）という（図 7.3）。

(9) その後，新たに構築されたウイルス粒子は以下の二つの系のいずれかにしたがって挙動する。

その一つは溶菌系と呼ばれる経路で，リゾチーム類似酵素[114]によって宿主細胞壁が溶解されてウイルス粒子の放出（release）がもたらされる。

> 114) 160 ページ本文および脚注 112) で述べたように，リゾチーム類似細胞壁溶解酵素はウィルスの DNA にコードされているタンパク質であり，ウイルスに固有のタンパク質である。

他のひとつは，*in vivo* でパッケージされたウイルス粒子がそのまま宿主細胞内にとどまる経路で溶原系と呼ばれる。ただし溶原系は，温度変化などによって容易に溶菌系へ移行する（図 7.3）。

7.3 微生物の遺伝子組換えにおけるウイルス（ファージ）の利用

このようにウイルスは感染によって自己のDNAと宿主のそれとを容易に融合させることができるので，ウイルスをベクターとして利用することが可能である。

例えばヒト型インシュリンを大腸菌に分泌生産させる方法を例に説明する。すでに述べたように（6章6.1），ヒト型インシュリンは21残基のアミノ酸が重合したA鎖と，30残基のアミノ酸が重合したB鎖がジスルフィド結合で連結したペプチドホルモンである。すなわちヒト型インシュリンの一次構造（構成アミノ酸の種類と重合順序）は通常のタンパク質と同様にDNAにコードされているので[115]，ヒトの細胞からインシュリンのA鎖ペプチドおよびB鎖ペプチドをコードしているDNAフラグメント[116]を取り出すことが可能である。

他方，ウイルス（ファージ）粒子に超音波衝撃を与えるなどの適当な機械的処理を行うとコートタンパク質が破壊されてウイルスDNAのみを取り出すことができる。このように調製したウイルスDNAの任意の1箇所を適当な制限酵素[117]で切断する。なお制限酵素はDNA鎖を切断する目的で用いられるので遺伝子操作の"鋏（はさみ）"にたとえられる。

次いで分割されたウイルス（ファージ）DNAの切断部位にヒト型インシュリンをコードしているヒトDNAフラグメントを挿入し連結する。連結は，制限酵素とは逆の作用をもつリガーゼ[118]の存在下に行われる。したがってリガーゼは遺伝子操作の"糊（のり）"にたとえられる。

> [115] このようにアミノ酸が重合しているホルモン類をペプチド系ホルモンという。生体内のペプチドホルモンの種類はきわめて多い。

> [116] DNAの一部分や断片をフラグメントと呼ぶ。

> [117] DNA鎖の特定の塩基配列を認識して切断する一群の酵素。ある種の微生物が他種の微生物を攻撃するための生理的役割をもつと考えられており，市販されている制限酵素には微生物に由来するものが多い。例えば大腸菌（*Escherichia coli*）から得られる *EcoRI* と名付けられた制限酵素はGAATTCという塩基配列を認識してG↓AATTCを切断し，また *Bacillus amyloliquefaciens* 得られる *BamHI* と名付けられた制限酵素はGGATCCを認識してG↓GATCCを切断する。なお酵素はすべて作用する基質や作用部位は制限されているので（基質特異性），DNAを切断する酵素のみを特に制限酵素と呼ぶことは厳密には科学的に正しくないが，慣用的な使用と理解するべきである。

> [118] すなわち特定の塩基配列をもつふたつのDNA鎖を連結する作用。

結局，このような操作によってヒト型インシュリンをコードするDNAフラグメントと

7.3 微生物の遺伝子組換えにおけるウイルス(ファージ)の利用

ウイルス(ファージ)DNA とが連結したキメラ DNA が得られる。

このキメラ DNA を，別に調製しておいたウイルス(ファージ)粒子の頭部や尾部など[119]と試験管内で混合するとパッケージ現象が起き，その DNA の一部にヒト型インシュリン遺伝子を含むウイルス(ファージ)粒子が形成される。

> 119) 多くの種類が市販されている。

このウイルス(ファージ)粒子が大腸菌のような宿主に感染すると，前項および第六章で述べたように DNA 複製とタンパク質合成が行われ，結果的にウイルス(ファージ)をベクターとして大腸菌によってヒト型インシュリンが生成されることとなる。

索　引

あ　行

亜硝酸態窒素　47
アテニュエーション　149
アデニン　131
アニーリング　156
アミノアシル tRNA　135
アミノ配糖系抗生物質　104
アルギン酸　123
アンチコドン　135
アンモニア化成　47
アンモニア態窒素　47

イオン結合法　122
イオン交換クロマトグラフィー法　151
遺伝子クローニング　153
遺伝子地図　151
遺伝子の水平移動　51
遺伝情報　132
インターカレート　151

運搬 RNA　133

栄養細胞　33
栄養素　21
栄養要求性　21
液体培地　36
液胞　11
エクステンション　156
エタノール沈殿法　150
塩化セシウム　150
塩基の相補性　134

岡崎断片　141
汚濁指標　67
オートクレーブ　36
オフサイトレメディエーション　96
オペロン　147
オリジン　142

Annammox　76
A/O 法　76
A₂O 法　77
F/M 比　69
in situ　91
N-アセチルグルコサミン　14
N-アセチルグルコサミン重合体　11
N-アセチルムラミン酸　14
SV₃₀　70
SNI　71

か　行

外殻構造　10
開始コドン　135
回分培養法　41
外来遺伝子　149
火炎法　40
架橋法　121
隔壁　9
核膜　5
仮性分岐　7
活性汚泥法　68
活性炭添加活性汚泥法　77
カナマイシン　104
芽胞　33
カーボンナノファイバー　119
カーボンナノ粒子　119
下面発酵酵母　115
カラーセレクション法　155
桿菌　6, 8
感染　160
感染性核酸　159

完全培地　57
完熟コンポスト　91
感受性菌　108
寒天　59
乾熱滅菌　36

気液分離装置　44
汽水域　54
キチン　11
忌避物質　19
気泡滞留時間　42
キメラタンパク質　162
球菌　6
休止菌　104
吸収極大　151
凝集剤添加活性汚泥法　77
共生的窒素固定　46
共代謝　92
極性　16
菌糸　9
菌鞘　7, 8
菌体漏出　122

グアニン　131
組み換え　150
グラニュール状　85
グラム陰性菌　12, 61
グラム染色法　12, 60
グラム陽性菌　12, 60
クリーンベンチ　41, 57
グルタルアルデヒド　123
クロラムフェニコール　105

蛍光標識免疫測定法　111
ケモスタット　42
ゲル電気泳動法　151
原位置　91
原核微生物　6

嫌気性処理　82	コーンラージ棒　55	死滅期　32
嫌気性微生物　20	根粒菌　1	シャインダルガノ配列　134
嫌気槽　77		弱酸性培養　28
嫌気培養　59	### さ 行	修復現象　150
原生動物菌　5		シャペロン　137
	サイクリック AMP　148	邪魔板　42
コアセルベート　27	最終電子受容体　25	臭化エチジウム　151
高圧蒸気滅菌　36	最少培地　57	集積培養　39
好アルカリ菌　28	細胞質　11	従属栄養微生物　57
高温発酵　84	細胞内小器官　11	充填層型バイオリアクター
好気呼吸　25	細胞壁　10	126
好気性微生物　20	細胞膜　10	種菌培養　39
好気槽　77	坂口肩付きフラスコ　36	宿主細胞　159
抗菌　37	酢酸生成細菌　118	宿主特異性　159
抗菌効果　23	サザンハイブリダイゼーション	出芽　9
抗原　109	153	種名　7
抗原抗体反応　109	殺菌　37	純粋培養　35, 56
好酸菌　28	雑菌汚染　41	純粋分離　56
合成培地　25	サーマル・サイクル・シークエン	硝化菌　47
抗生物質　103	シング法　156	硝化反応　47
抗生物質耐性形質　139	酸化池法　78	硝化プロセス　74
酵素標識免疫測定法　111	散水ろ床法　81	硝酸態窒素　47
抗体　109	酸性過マンガン酸カリウム法	小動物　1
好熱菌　29	68	消毒　37
後発酵　116	酸素分圧　59	上面発酵ビール　115
酵母エキス　24	サンドイッチ法　112	自律増殖能　139
小型合併処理浄化槽　86	酸発酵プロセス　82	シリンドロコニカルタンク
弧菌　7		115
固形培地　36	ジアセチル　116	真核微生物　6
古細菌　17	ジアミノピメリン酸　15	真菌類　5
コザック配列　146	資化　7	真正細菌　17
枯草菌　110	シークエンシング　157	真性分岐　7
コッホ　3	シグナルペプチド　131, 137	振盪培養　59
固定化酵母　128	シグマ因子　145	
固定床法　85	シクロセリン　104	水素生産菌　127
コートタンパク質　160	自己遺伝子　149	水素発生微生物　121
コドン　132	自己制御　144	ストレプトマイシン　104
コロニー　38	自己造粒能力　85	スパイク　160
混合培養　35	仕込み　114	スフェロプラスト　14
コンソシア　93	自己溶菌　33	スワンの首フラスコ　2
コンタミネーション　52	糸状菌　9, 45	
コンポスト　87	シトシン　131	制限酵素　149
コンフォメーション　136	脂肪族ハロゲン化物質汚染　92	静菌　37

索　引

静菌効果　22
生産物収率　31
静止期　32
生命の化学進化説　28
生命の自然発生説　1
生物と無生物の境界　159
生物膜法　81
生理活性物質　12
世代時間　29
絶対嫌気性微生物　25
接種　38
セファロスポリン　104
前核微生物　6
染色体　131
セントラルドグマ　132
前培養　39
前発酵　115
選択圧　139
選択プレート　154
繊毛　18

走化性　20
走気性　20
増殖　6
増殖曲線　32
増殖収率　31
増殖速度定数　30
挿入失活法　155
藻類　5
属名　7

COD　68
C/N 比　89

た 行

耐アルカリ菌　28
耐性菌　108
耐酸菌　28
対数増殖期　32
大腸菌　110
ダイデオキシリボ三リン酸　157

ターター配列　146
ダックウィード　80
脱窒菌　48
脱窒素活性汚泥法　74
脱窒反応　48
脱窒プロセス　74
タバコモザイクウイルス　160
炭化水素資化菌　7, 48
炭素源　22
炭素粒子　118
担体結合法　121
単離　35
単粒構造　87
団粒構造　87

遅滞期　32
窒素源　23
窒素固定　23, 46
チミン　131
中温発酵　84
中空コア　160

通気攪拌型培養槽　42
通性嫌気性微生物　20
ツベルシジン　106

低温菌　29
低温滅菌　117
停止期　32
底板　160
デオキシリボ核酸　132
デオキシリボース　131
適応　32
鉄酸化細菌　50
テトラクロロエチレン　92
テトラサイクリン　105
電気穿孔法　154
転写　133
伝達 RNA　133
天然培地　24

透水性浄化壁　100
同定　20

頭部　160
特許化　64
独立栄養微生物　57
塗抹接種　38
ドラッグデリバリーシステム　4
トランスファ RNA　133
トリクロロエチレン　92
トリプトファン・オペロン　149
トリプレット　132
ドロッピング　28

DAN 複製酵素　141
DNA マイクロアレイ　97
DNA リガーゼ　153
T 偶数系ファージ　159
TOC　68

な 行

内生胞子　9, 33
内分泌攪乱物質　64

2 重境膜説　73
ニトロセルロース膜　153
能動輸送　17

燃料電池　126

ノーザンハイブリダイゼーション　153

は 行

バイオオーギュメンテーション　94
バイオスティミュレーション　94
バイオトリートメント　91
バイオレメディエーション　91
バイオリアクター　126
バイオリン鉱石　77

倍加時間　29
廃水安定化池法　78
培地　21
廃糖蜜　100
ハイブリッド形成　144
ハイブリダイゼーション　153
培養　35
麦芽　114
白金線　56
麦汁　128
バクテリアリーチング　50
バクテリオクロロフィル　23
バクテリオファージ　159
バシトラシン　104
パスツリゼーション　118
パスツール　2
ばっ気　68
パッケージ　162
発現ベクター　157
パッセンジャー　139
発酵　23, 26
発酵熱　87
発泡酒　114
バルキング　69
バンコマイシン　104
反復回分培養　42
半保存的複製　141

非共生的窒素固定　46
微生物稀釈法　55
微生物細胞の固定化　121
微生物製剤　90
微生物的水素生産　127
微生物電池　127
微生物濃縮装置　54
比増殖速度　30
ヒト型インシュリン　13
尾部　160
ビフェニール　93
微量栄養素　22
ビール酵母　114
ビール醸造　128
表現形質　138

標識　110
表面ばっ気装置　79

ファイトレメディエーション　101
フォールディング　136
フォルマイシン　106
フォルミルメチオニン　135
負荷　69
複製　133
物質収支　71
物理的吸着法　122
浮遊状態　125
プライマー RNA　142
プラスミド　139
プラスミドベクター　139
プリブナウ配列　146
フレミング　3
不連続複製　141
プロトプラスト　14
フロック　68
プローブ　153
プロモーター　144, 145
不和合性　145
分散型培養槽　42
分泌タンパク質　137
分裂菌類　5

ベクター　139
ペニシリン　104
ペプチドグリカン　12
ペプチド転位　135
ペプチドホルモン　130
ペプトン　24
ペリプラズム　15
鞭毛　18

包括法　121
ホスト・ベクター系　139
ホップ　114
ポリアクリルアミド　123
ポリリン酸　76

β 酸化　49
β-ラクタム系抗生物質　104
B/F 分離　112
BOD　67
PCR　62

胞子　9
胞子嚢　9
放射性同位元素標識免疫測定法　111
放線菌　7
本培養　39
翻訳　133

ま　行

マーカー遺伝子　139
膜構造　5
マッピング　151
マンナン　11

ミクロフローラ　51
未熟コンポスト　91
密度勾配遠心法　150
ミラー　27

無機塩呼吸　26
ムコペプチド　12
無細胞反応系　133
無酸素槽　77

メタロチオネイン　24
メタンガス　118
メタン発酵　84
メタン発酵微生物　85
メタン発酵プロセス　82
メチル化　149
滅菌　36
滅菌効果　23
メッセンジャー RNA　133
免疫　108
メンブランフィルター　52

索　引

モラセス　100

Monod 式　70

や 行

薬剤耐性マーカー遺伝子　155

誘引物質　19
有機性窒素　74
誘導　24
誘導期　32
誘導源　24
誘導性タンパク質　24
有胞子細菌　33

溶解パラメーター　16
溶菌系　162
溶原系　162
容積負荷　70
余剰汚泥　74

UASB 法　82

ら 行

ラギング鎖　141
ラクトース・オペロン　148
ラクトース・リプレッサー　148
ラグーン法　78
らせん菌　6

力価　104
リグニン　88
リゾチーム　14
リーディング鎖　141
リプレッサー　148

リボ核酸　133
リボゾーム　133
リボゾーム RNA 遺伝子　61
リポタンパク質　13
硫化水素　49
硫酸還元菌　49
流動床型バイオリアクター　125
流動モザイクモデル　15
リン脂質　15

レーウェンフック　1
レプリカ法　155
レプリコン　142
連続培養法　41

ろ過滅菌　36

lacZ 遺伝子　156

わ 行

ワクスマン　3

微生物学名

Actinomyces 属　7
Aspergillus oryzae　10, 35
Azotobacter 属　46, 47
Bacillus anthracis　33
Bacillus subtilis　13, 33, 91, 110
Candida 属　46
Chromatium 属　23, 48
Citribacter freundii　127
Clostridium 属　26, 47, 83, 89
Clostridium butyricum　127
Corynebacterium bacteroides　56
Cyanobacter 属　23, 48
Desulfovibrio 属　49
Escherichia coli　7, 110, 127
Klebsiella pneumoniae　56, 76
Lactobacillus bulgaricus　6
Micrococcus 属　47
Micrococcus denitrificans　6
Mycobacterium 属　7, 48
Mycobacterium phlei　50
Mycobacterium smegmatis　50
Nitrobacter 属　47, 75
Nitrosomonas 属　47, 75
Paracoccus 属　47
Pseudomonas 属　47, 48
Pseudomonas stutzeri　100
Propiobacterium　83
Rhizobium 属　23, 46, 47
Rhizoctonia solani　91
Rhodobacter 属　23, 48
Rhodotorula 属　46
Saccharomyces cerevisiae　10, 26, 114, 115
Sphaerotilus 属　8
Sphingomonas 属　65
Spirillum lunatum　6
Streptomyces 属　7, 103
Streptomyces griseus　7, 8, 46
Streptomyces kanamyceticus　7, 46
Streptomyces kasugaensis　46
Streptomyces olivaceus　7, 46
Streptomyces venezuelae　7, 46
Thiobacillus 属　50

著者略歴

編著者

菊池慎太郎(きくちしんたろう)

1950年生　薬学博士　室蘭工業大学名誉教授

専門は微生物科学および微生物工学　現在の研究テーマは「環境における抗酸菌伝播機構」ならびに「農水産廃棄物の資源化」

共著者

高見澤一裕(たかみざわかずひろ)

1949年生　農学博士　岐阜大学名誉教授

専門は環境微生物工学　現在の研究テーマは「微生物環境修復と硫酸還元菌の高度利用」

浦野直人(うらのなおと)

1953年生　工学博士　東京海洋大学名誉教授

専門は海洋生物化学および食品バイオテクノロジー　現在の研究テーマは「水圏微生物を利用した環境修復」

海藤晃弘(かいどうあきひろ)

1965年生　工学博士　東海大学生物学部生物学科准教授

専門は微生物の分子生物学　現在の研究テーマは「大腸菌の新規組み換え機構の解析」

藤井克彦(ふじいかつひこ)

1971年生　博士（水産学）　工学院大学先進工学部生命化学科教授

専門は環境微生物工学　現在の研究テーマは「微生物を利用する環境ホルモンの防除システムの開発」

微生物工学(びせいぶつこうがく)

2004年3月25日　初版第1刷発行
2024年4月10日　初版第5刷発行

Ⓒ　編著者　菊　池　慎太郎
　　発行者　秀　島　　　功
　　印刷者　江　曽　政　英

発行所　三共出版株式会社

郵便番号 101-0051
東京都千代田区神田神保町3の2
振替 00110-9-1065
電話 03-3264-5711　FAX 03-3265-5149
https://www.sankyoshuppan.co.jp/

社団法人 日本書籍出版協会・社団法人 自然科学書協会・工学書協会　会員

Printed in Japan　　　印刷・製本　理想社

JCOPY〈(一社)出版者著作権管理機構 委託出版物〉

本書の無断複写は著作権法上での例外を除き禁じられています。複写される場合は、そのつど事前に、(一社)出版者著作権管理機構（電話 03-5244-5088, FAX 03-5244-5089, e-mail:info@jcopy.or.jp）の許諾を得てください。

ISBN 4-7827-0486-0